JN193237

生活の中にみる
機械工学

工学博士　望月　　修　著

コ ロ ナ 社

はじめに

私たちは世の中にあるものが事前にできあがっていて，当然最初からそこにあるものだと思って使っています。ある日，あるものが必要になったときにそれを探しにお店に行くと，たいていのものはありますが同じような性能で見た目のあまり変わらないようなものが並んでいて迷うことがあります。その中から自分に気にいるものを探すわけですが，なにを基準に選んでよいかわからなくなり，結局値段で選ぶということになります。しかし，値段が違うことはなにか性能で違いがあるのではないかと疑うこともしばしばです。

さて，どんなものでもお店に並んでいる以上，だれかが，それが必要とされているから苦労して作っています。例えば，身の回りにあるスプーンはどうやってできあがっているのだろうといったことを考えてみてください。金属だということは触ったり持ったりするとわかりますが，なんの金属だろう，どうやってこの形にしているのだろう，どうやってこのツヤを出しているのだろう，口に入れるときの安全性はどうなっているのだろう，この値段で作り手はどのくらい儲かるのだろう，などといったいろいろな疑問が湧いてきます。社会の仕組みの中でスプーン１本がどういう価値を生み出しているのかということに関わっているのが機械工学なのです。工学というと，ものを製造するということしか頭に浮かばないものですが，じつは社会が，人が必要としているものを提供するための総合プロデューサーなのです。したがって，機械工学は一つの分野ではなく多種多様な分野の総合されたものなのです。

私たちの身の回りにあるものに目を配ってみましょう。多くのものがありますが，それらを作る際に，使いやすくするには，思ったとおりの動きをするのか，原材料費を抑えるには，人々に受け入れてもらえるのか，もしなにかが起こったときに安全側に動作するのか，メンテナンスする際に分解しやすいのか，組み立てやすいのか，使用環境が異なっても大丈夫かなどといったことも考えながら設計・製作しています。例えば，車のハンドルを回せば車はその方向に旋回していきます。これを当然のごとくなにも考えずに受け入れて運転しています。しかし，その昔，左右の車輪が同じ回転をしていると曲がれないことにだれかが気が付いて，そうならない工夫をしてそれに関連する部品を作っていまに至っています。こういった気付きの方法を身の回りの道具や仕組みを通じて知ってもらいたく本書を発行しました。

このため，これまでの機械工学の本では表舞台に出てこないものでも，こういうことを考えられて作られているということを紹介しています。気付きのきっかけとして読んでいただき，もっと知りたいというときに他の専門書で勉強していただけるとよいと思います。本書は五つの章からなっています。1章は車に関する内容です。2章はエネルギー，3章は水，4章は食事，5章はスポーツです。どの章から読み始めても結構です。身の回りのものが生き生きとして見えてくると思います。

本書の刊行に関しては，コロナ社に多大なご協力をいただきました。感謝の意を表します。

2018年8月

望月　修

目　　　　次

1章　車のスペックから見る機械工学

2章　生活で使うエネルギー

3章　水 の 利 用

4章　食卓を支える機械工学

5章　スポーツに関わる機械工学

車のスペックからみる機械工学

車は人間が日常使う身近で大きな機械です。そのスペック（仕様）を表す言葉から機械工学との関連を見ていきましょう。一般的に，エネルギーやパワーという言葉は同じ意味合いで頻繁に使われています。また，力とパワーも混同して使われがちです。それらはどういうことなのか，また，それらはどういった関係にあるのか紐（ひも）解きます。

1.1　エネルギー・仕事・パワー・力

エネルギーとは，仕事を行うことができる潜在的な能力のことをいいます。エネルギーそのもので仕事をするわけではありません。このため，エネルギーを仕事に変換する装置が必ず必要となります。ここで，仕事というのは力をかけた方向にある距離のものを動かすことです。また，1秒間にどのくらいの仕事ができるかという割合（仕事率）をパワーといいます。定義をつぎに示します。

エネルギー：仕事ができる能力〔J〕（ジュール）

仕事：ある力 F〔N〕である距離 x〔m〕移動させること $W=Fx$〔Nm $=$ J〕（Nm はニュートンメートル）

パワー（仕事率）：単位時間当りにできる仕事 P〔J/s $=$ W〕（ジュール/秒 $=$ ワット）

力：質量 m〔kg〕のものを加速度 a〔m/s^2〕で加速できること F〔kgm/s$^2=$ N〕（ニュートン）

これらの関係を**図 1.1** の車の例で示しましょう。車のスペックとして，例えば，車両重量 mg = 1 850 kgf（普通にキログラム，もしくはキログラム重と呼んでいます），エンジン最高出力 P = 306 PS（= 225 kW，PS は馬力のこと），最大トルク T = 400 N・m（= 40.8 kgf・m），燃費 10 km/liter（liter はリットルのこと），燃料タンク 60 liter，タイヤサイズ d_t = 635 mm のものを扱います。これらは後の計算で参考に使います。

また，ガソリンのもつエネルギーは 33 MJ/liter（MJ はメガジュール）です。つまり，1 liter 当り 33 MJ のエネルギーがありますから，この車の燃料タンクをいっぱいにすると

$$\frac{33\ \mathrm{MJ}}{\mathrm{liter}} \times 60\ \mathrm{liter} = 1\,980\ \mathrm{MJ}$$

のエネルギーを車に蓄えたということになります。

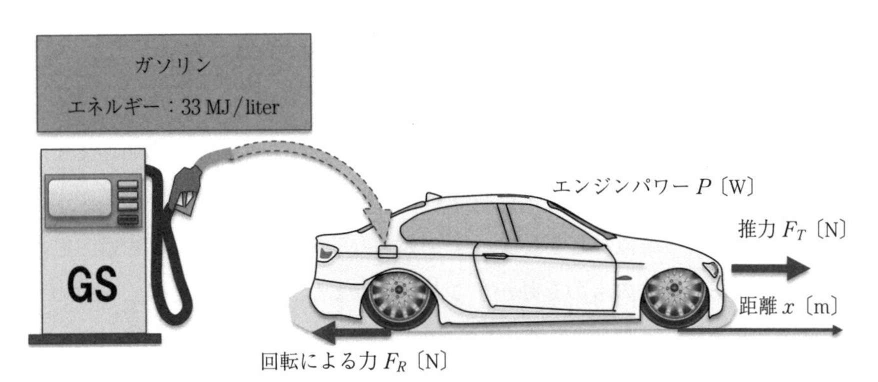

図 1.1　ガソリンのエネルギーを使って車が仕事をする

1.1.1 質　　量

スペックを表す言葉の中で，車両重量という言葉がありますが，重量とは重さのことです。**重さ**というのは，地球の引力で**質量** m〔kg〕に**重力加速度**の g = 9.8〔m/s²〕をかけたものをいいます。したがって，重さは mg〔kgm/s² = N〕で表します。単位の N でわかるように重さは「力」を表しています。体重計に乗ると表示される数字は重さである体重を表していると思っている人が大半だと思いますが，じつは，重力加速度の g をかけていない値，つまり質量

m を表しています。体重計の表示には〔kg〕という単位が書いてあるので，まさに質量を表しています。普通は「私の質量は 60 kg です」などと表現する人はまずいないので，体重と質量は同じものと思われがちです。そこで，重さは力を表していますということを明示するために，スペックにも書いたように，単位に重力加速度を表す f を付けて，〔kgf＝N〕と表します。

1.1.2　力

質量は物体の運動を表すのに重要です。物体の運動を単位時間当りの速度変化（du/dt）で表します。この速度変化を**加速度**といいます。そして，それを起こした原因として**力** F〔N〕を定義します。このことを式で書くと

$$m\frac{du}{dt} = F \tag{1.1}$$

となります。ここでも，物体の質量を m とします。この式を「質量 m の物体にある力 F が作用した結果，単位時間 dt 当りに速度が du だけ変化した」と読みます。式の左辺が結果であって，右辺はその運動を引き起こした原因となっているのです。数学的にイコールで結んでいるので右辺と左辺が同じと解釈して，$F = m\,du/dt$ を力の定義としているのを見かけます。しかし，力 F は $m\,du/dt$ であるとすると，結局，力というものがどういうものなのかまったくわからなくなってしまいます。繰り返しますが，力は「物体の運動を変えるもの」なのです。

もう一度，式（1.1）に戻って質量の意味を見直すと，もし同じ大きさの力がかかっているとすると，質量が大きいと生じる加速度は小さく，逆に質量が小さいと加速度は大きいということがわかります。加速度は速度の時間変化を表しますから，質量が大きいと速度の変化が小さいことを表します。いい換えれば，このことは加速度が小さいことを意味するので，動きが鈍いといえます。また逆に，質量が小さいと運動は起こりやすいといえます（**図 1.2**）。つまり，質量とはその大きさが大きいと物体の運動が起こりにくい，逆に，質量が小さいと運動が起こりやすいことを表します。これは**慣性の法則**でいうとこ

図 1.2　質量によって動かしやすさが違う

ろの「止まっているものはいつまでも止まっていようとするし，動いているものは急には止まれない」と表現される運動の起こりにくさを表すものです。したがって，この質量を**慣性質量**といいます。

1.1.3　仕事とエネルギー

〔1〕　機械的仕事

ある大きさの力 F〔N〕でその力の方向にある質量 m〔kg〕の物体をある距離 x〔m〕だけ動かすことができることを表す量 W〔J〕を**仕事**と呼び

$$W = Fx \text{〔J〕} \tag{1.2}$$

で表されます。すなわち，**エネルギー**という能力を行動や移動といった活動という形で目に見えるようにしたものです。仕事の単位は〔N・m〕で，これを〔J〕で表します。仕事ができる能力を表すエネルギーも同じ単位です。

力は**図 1.3** に示すように注目する**系**（**システム**と呼びます）の境界を通じて作用するので，仕事は外界から境界を通じてシステムになされます。この方向を＋で表します。この場合，システムには仕事という形でエネルギーを注入したことになります。**図 1.4** に示すように，システムを中心に考えるので，システムが仕事をされれば（注入されれば），エネルギーを得るわけですから正（＋）で表します。逆に，システムが外界に対して仕事をすれば，システムにとってはエネルギーの流出であるので負（－）で表します。

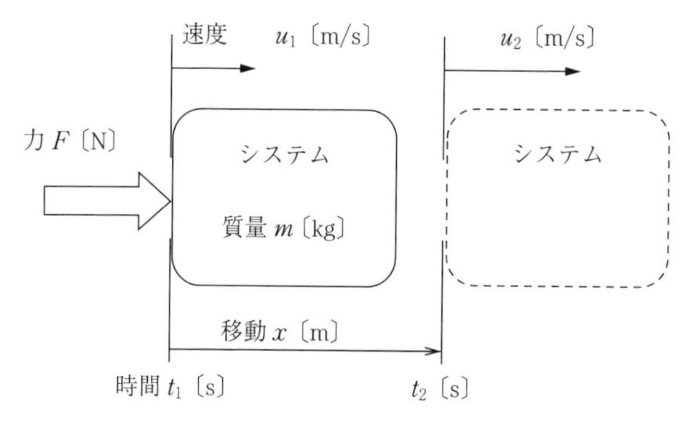

図 1.3　外力をかけてシステムを移動させると仕事をしたことになる

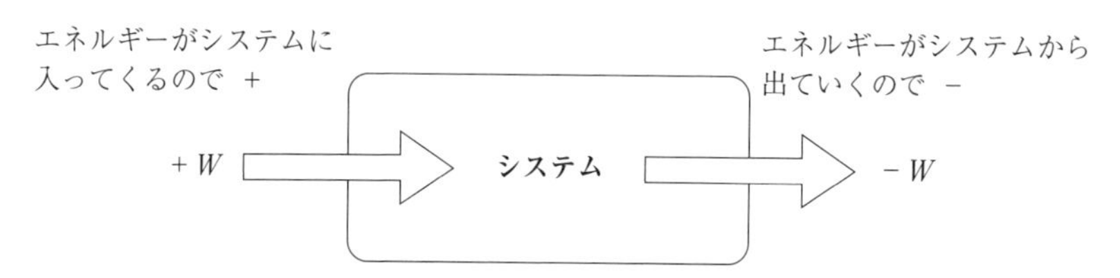

図 1.4　システムに仕事がなされれば＋，システムが外界に対して仕事をすれば－で表す

例題 1.1　仕事によって運動に変える

質量 $m=3$ kg の物体に一定の力 $F=6$ N をかけてその力をかけた方向に $x=1$ m 移動させたとき，物体になされた仕事を求めましょう。

式 (1.2) より

$$W=Fx=6\ \mathrm{N}\times 1\ \mathrm{m}=6\ \mathrm{J}$$

となります。なお，式 (1.1) によってこの物体の運動を考えてみましょう。加速度 $a=du/dt$ は

$$a=\frac{F}{m}=\frac{6\ \mathrm{N}}{3\ \mathrm{kg}}=2\ \mathrm{m/s^2}$$

と求められます。

また，速度と時間，移動距離と時間の関係は $u_2=at+u_1$, $x_2=(1/2)at^2+x_1$ ですから，初めの位置を $x_1=0$ とすると，距離 $x=x_2-x_1=1$ m を移動するのに要する時間は

$$t=\sqrt{\frac{2(x_2-x_1)}{a}}=\sqrt{\frac{2(1-0)}{2}}=1\ \mathrm{s}$$

と求められます。したがって，最初（$t_1=0$）のとき静止（$u_1=0$）していたとすると，1秒後（$t_2=1-0=1$）の速度 u_2 は

$$u_2=at+u_1=2\times1+0=2\ \mathrm{m/s}$$

となります。このことから，この物体を1秒かけて1m移動させる力を作用させると，1秒後には2m/sの速度となる運動をすることがわかります。この運動をさせるのに6Jの仕事がなされました。この結果，この物体は6Jのエネルギーを得たことになります。このエネルギーは**運動エネルギー**という形に変換され，運動している物体が保有するものとなります。運動エネルギー KE は

$$KE=\frac{1}{2}m(u_2^2-u_1^2)\ \text{〔J〕} \tag{1.3}$$

で表します。例題1.1で求めた速度をこれに代入すると

$$KE=\frac{1}{2}m(u_2^2-0)=\frac{1}{2}\times3\times(2^2-0^2)=6\ \mathrm{J}$$

となり，仕事によってシステムに注入されたエネルギーが物体の運動エネルギーに変換されたことがわかります。◇

例題1.2　仕事を数値で表す

質量 $m=30$ kg の物体を重力に逆らって，一定速度 $v=0.2$ m/s で，$y=1$ m 持ち上げたとしましょう。この物体になされた仕事を求めてみましょう（**図1.5**）。

重力加速度 $g=9.8$ m/s とし，上方向の力を正で表すと，この物体の運動は

$$ma=m\frac{dv}{dt}=F-mg$$

と表されます。一定速度ということは速度が時間的に変化しないので $dv/dt=0$ ですから，$F-mg=0$ となります。したがって，$F=mg$ と表されることから，重力に逆らって一定速度で持ち上げる力は物体の重さ（重力）と方向は逆ですが，大きさは同じだということがわかります。したがって，持ち上げる力 F は

図1.5　ものを持ち上げる仕事

$$F=mg=30\,\mathrm{kg}\times9.8\,\mathrm{m/s^2}=294\,\mathrm{N}$$

となります。この力で1m移動させるので，仕事 W は

$$W=Fx=294\times1=294\,\mathrm{J}$$

と求められます。物体の位置エネルギーは

$$PE=mg(y_2-y_1)\ \text{〔J〕} \tag{1.4}$$

で表されます。これに，$m=30\,\mathrm{kg}$，$y=y_2-y_1=1\,\mathrm{m}$ を代入すると

$$PE=30\,\mathrm{kg}\times9.8\,\mathrm{m/s^2}\times1\,\mathrm{m}=294\,\mathrm{J}$$

となります。この値はシステムになされた仕事と同じであり，すなわち，仕事が**位置エネルギー**に変換されたことがわかります。なお，単位時間当りにどのくらいの仕事をしたかということをつぎのように**仕事率（パワー）** P で表します。工学的にはこれを**動力**ともいいます。

$$P=\frac{W}{t}\ \text{〔J/s=W〕} \tag{1.5}$$

物体を1m持ち上げるのに $v=0.2\,\mathrm{m/s}$ で行ったということは，5秒かかったことを意味しています。したがって，仕事率 P は

$$P=\frac{W}{t}=\frac{294}{5}=59\,\mathrm{W}$$

となります。パワーを〔PS〕で表すことも多いので，〔W〕から〔PS〕への換算は1 PS=735.5 Wです。したがって，59 Wは59/735.5=0.08 PSということになります。 ◇

例題1.3　パワーの使い方

例題1.2で与えられたエネルギーと同じエネルギーをもっているとして，もしパワーが2倍出せるフォークリフトがあるとすると，物体を1m持ち上げるのに要する時間は何秒となるか計算してみましょう。

例題1.2においてパワーは59 Wでしたから，2倍のパワーは

$$2\times59=118\,\mathrm{W}$$

です。このパワーで294 Jのエネルギーを使いきる時間は

$$t=\frac{294\,\mathrm{J}}{118\,\mathrm{W}}=2.5\,\mathrm{s}$$

と求められます。すなわち，例題1.2のときの半分の時間で達成することになります。「あの人はパワーがあるので（または馬力があるので）仕事が早いね」という表現はこのことに由来しているかもしれません。 ◇

例題 1.4　**加速に必要なパワーを見積もる**

図 1.6 に示すように，306 PS（＝110 kW）のエンジンを積む 1 850 kgf の車が，信号が赤から青に変わった瞬間に発進し，等加速しながら 400 m を走るのにかかった時間が 28 秒，$x=400$ m の地点における速度が 100 km/h となっていたとします。加速に必要なパワー（動力）を求めてみましょう。

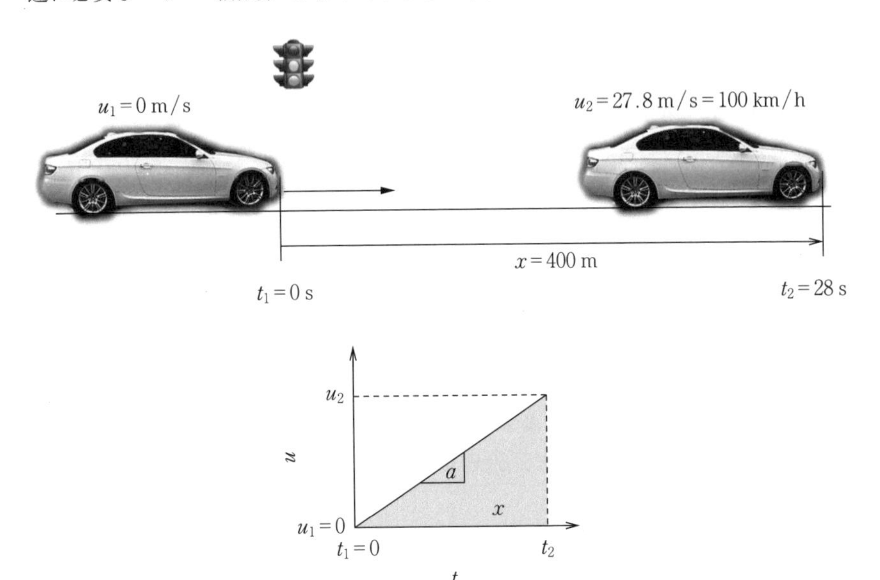

図 1.6　車の加速運動

車の速度が $u_1=0$ m/s から $u_2=28.6$ m/s（＝103 km/h）の速度に等加速度運動したときの仕事 W は運動エネルギーの増加と同じですから

$$W=KE=\frac{1}{2}m\left(u_2^2-u_1^2\right)=\frac{1}{2}\times 1\,850\ \text{kg}\times\left\{(28.6\ \text{m/s})^2-(0\ \text{m/s})^2\right\}$$

$$=756\,600\ \text{J}\fallingdotseq 757\ \text{kJ}$$

と計算できます。さて，28 秒間で 757 kJ を使ったので，パワーは

$$P=\frac{KE}{t}=\frac{757\ \text{kJ}}{28\ \text{s}}=27.0\ \text{kW}=37\ \text{PS}$$

です。すなわち，この車の性能として秘めているパワー 306 PS の約 1/8 を使って加速運動したことになります。なお，このときの加速度は $x=(1/2)at^2$ より

$$a=\frac{2x}{t^2}=\frac{2\times 400}{28^2}=1.02\ \text{m/s}^2$$

です。

逆に，もし，この車のもつパワーである

$$P = 306\,\mathrm{PS} \times 735.5\,\mathrm{W/PS} = 225\,\mathrm{kW}$$

の1/3である75 kWを使って等加速して時速100 km（=27.8 m/s）になるまでに走る距離を求めてみましょう。時速100 km/hとなるまでに要する運動エネルギーは

$$KE = \frac{1}{2}m(u_2^2 - u_1^2)$$

より

$$\frac{1}{2} \times 1\,850 \times (27.8^2 - 0^2) = 715\,\mathrm{kJ}$$

です。パワーPは1秒間に使うエネルギーですから75 kWのパワーで715 kJを使いきる時間tは$t = 715\,\mathrm{kJ}/75\,\mathrm{kJ} = 9.53\,\mathrm{s}$と計算できます。加速度は$u_2 = at$から

$$a = \frac{u_2}{t} = \frac{27.8}{9.53} = 2.92\ \mathrm{m/s^2}$$

と求まります。この速度に到達するまでに走った距離は$x = 1/2at^2$より

$$x = \frac{2.92 \times 9.53^2}{2} = 133\,\mathrm{m}$$

となります。

同じ質量でパワーの違う2台の車がスタートラインから同時に発進し，それぞれが等加速度運動するとします。1台目の車の諸量に添字の1を付け，2台目のものには添字の2を付けて区別します。パワーの比は

$$\frac{P_1}{P_2} = \frac{\dfrac{KE_1}{t}}{\dfrac{KE_2}{t}} = \frac{KE_1}{KE_2} = \frac{\dfrac{1}{2}mu_1^2}{\dfrac{1}{2}mu_2^2} = \left(\frac{u_1}{u_2}\right)^2 \qquad (1.6)$$

のように表せます。すなわち，パワーが2倍違うとある時刻の速度は$\sqrt{2} = 1.4$倍の違いとなります。逆に2倍の速度の違いを生むためにはパワーは$2^2 = 4$倍必要であることがわかります。パワーは「単位時間当りにどれだけの仕事としてのエネルギーをシステムに注入できるか」を表していますから，パワーが大きいということは，同じ時間で多くのエネルギーを注ぎ込める能力をもったエンジン（エネルギーを仕事に換える装置）であることを意味します。このことは逆に，もし同じ容量の燃料タンクをもっているのであれば，パワーの大きなエンジンでは，短時間にその容量の燃料を使いきります。もし同じ時間働くとすれば，パワーの大きなエンジンではそれだけ多くの仕事をする代わりにたくさんの燃料も必要とします。◇

〔2〕 トルク（軸仕事）

エンジンで発生させた仕事は**図1.7**に示すような軸の回転による仕事に変換

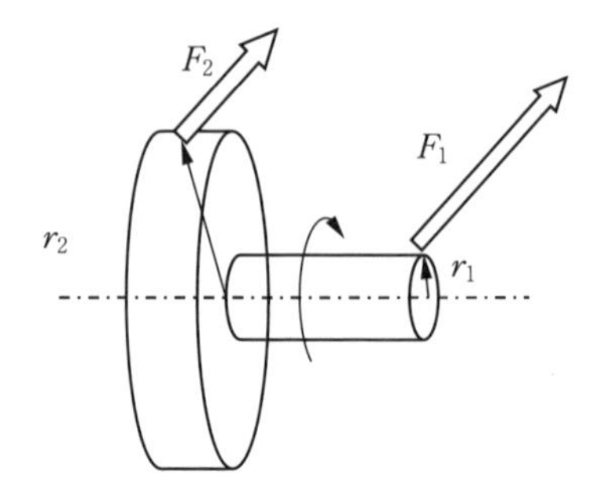

図 1.7　軸の回転による仕事

されて伝えられます。エンジンで回す車軸の回転をタイヤの回転に変えて車を移動させます。軸の中心から半径 r に対して直角方向に力 F が作用しているとします。このとき，トルク（軸仕事）T はつぎのように表されます。

$$T = F \times r \text{〔Nm〕} \tag{1.7}$$

単位は〔Nm〕です。トルクという言葉は機械工学で使われますが，物理学における力の**モーメント**（物体に回転を生じさせるような力の性質を表す量）と同じです。したがって，この単位〔Nm〕は仕事の単位である〔J〕と同じですが，あくまでも回転軸から離れた点に働く力を表しているので，単位の読み方としてニュートンメートルといういい方をします。もちろん，単位上では〔Nm〕=〔J〕なので，回転のエネルギーもしくは仕事と考えることもできます。このように考えれば**エネルギー保存則**から，これが伝達されるとき損失がないものとすれば，図 1.7 に示した力×半径で表されるトルクは一定ですから

$$T = F_1 \times r_1 = F_2 \times r_2 \tag{1.8}$$

の関係が成り立ちます。つまり細い軸には大きな軸をねじるような力がかかるので，強く作らないといけません。さて，回転数を n〔rpm〕（revolutions per minute，毎分回転数）で表すと，半径 r の位置の単位時間当りの円周に沿った周速度 v は

$$v = \frac{2\pi rn}{60} \text{〔m/s〕}$$

です。60 で割っているのは分を秒に変換するためです。軸仕事率 P_s は $P_s = Fv$ で表されるので

$$P_s = Fv = \frac{T}{r} \times \frac{2\pi rn}{60} = \frac{2\pi nT}{60} \text{〔W〕} \tag{1.9}$$

となります。軸仕事率が一定である場合，トルクと回転数は反比例します。つまり，トルクが小さいときには回転数を高くしないと同じ軸動力を得られないこと，逆にトルクが大きいときには回転数は低くできることを意味しています。車が発進するときはローギヤで回転数を落とし，トルクを大きく取ります。回転数が高く高速で走行するときには空気抵抗と釣り合うだけの力を出せばよいので，トルクは小さくて済みます。

図1.7のr_2がタイヤの半径だとしましょう（**図1.8**）。図1.1で想定した車のタイヤの直径は635 mmなので，$r_2=317.5\times10^{-3}$ mです。トルクは400 Nmなので，これで出せる最大の力Fは式（1.7）より

$$F = \frac{T}{r_2} = \frac{400}{317.5\times10^{-3}} = 1\,260 \text{ N}$$

と計算できます。この力で1 850 kgfの車を押すので，このときの加速度aは

$$a = \frac{1\,260}{1\,850} = 0.681 \text{ m/s}^2$$

となります。移動距離は$x=1/2at^2$で表されますから，1秒間に移動する距離は0.341 mです。したがって，タイヤは0.171回転/秒，回転角度でいえば62度/秒の回転をしたことになります。

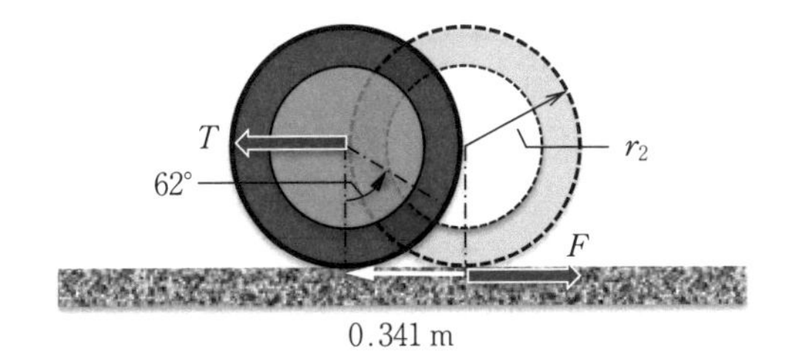

図1.8　タイヤの回転で車は進む

例題1.5　**トルクと回転数**

軸動力100 PS（=73 550 W）で回転数2 000 rpmとすると，トルクがどのくらいになるか求めてみましょう。式（1.9）にこれらを代入すると

$$73\,550 = \frac{2\pi \times 2\,000 \times T}{60}$$

したがって，$T = 351$ Nm となります。逆に，設計最大トルクが 400 Nm であるとすると，それを与える回転数は式（1.9）から，約 1 757 rpm と計算できます。　◇

例題 1.6　エレベータを上げるパワー

式（1.7）から，トルク 400 Nm という値がどのくらいのものか考えてみましょう。半径 0.1 m のドラムから出たロープの先に重さ 400 kgf のエレベータの箱が付いているとしましょう。このときに必要なトルク T は

$$T = 400 \times 9.8 \times 0.1 = 392 \text{ Nm}$$

と計算できます。トルク 400 Nm というのは，このくらいの仕事ができるということです。このとき 0.5 m/s でこのエレベータを上昇させるとすると，このドラムの回転数を求めてみましょう。周速度は $v = 2\pi rn/60$ で与えられますから

$$n = 0.5 \times \frac{60}{2\pi \times 0.1} = 47.7 \text{ rpm}$$

となり，1 秒間に 1 回転よりちょっと少ない回転数で回すとよいことがわかります。このドラムを回すのに必要なパワーは式（1.9）より

$$P_s = \frac{2\pi \times 47.7 \times 392}{60} = 1\,960 \text{ W} = 2.7 \text{ PS}$$

と求まります。もちろん，もっと単純に 400 kgf のものを 0.5 m/s で持ち上げると考えればパワーは $P = mgv = 400 \times 9.8 \times 0.5 = 1\,960$ W と求めることもできます。　◇

例題 1.7　回転数，トルク，パワーの関係

重さ $mg = 1$ tonf（$= 1\,000$ kgf）の車が時速 80 km/h（$= 22.2$ m/s）の一定速度で走っています。路面を F の力で押した反作用として，路面からこの車に $-F$ の力（左方向（$-$ で表す）に F と同じ大きさの力）が推力として作用します。**図 1.9** に示すように，この推力は走行している車に作用する空気抵抗と車輪の転がり抵抗の和 $D = 200$ N と釣り合っています。さて，外径 0.635 m のタイヤを付けているとして，この走行に必要なパワーを求めてみましょう。

この半径の車輪は 1 回転すると

$$\pi d = \pi \times 0.635 = 1.99 \text{ m}$$

進みます。時速 80 km/h では 1 秒間に 22.2 m 進むので，この速度で走っているとき車輪の回転数は

$$n = \frac{22.2}{1.99} \times 60 = 669 \text{ rpm}$$

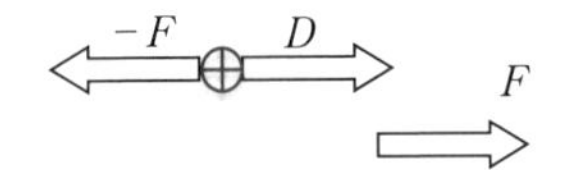

図 1.9　一定速度で走る車に作用する力

です。推力 $-F$ は抵抗と釣り合うので，$-F+D=0$ より，路面を後方に押す力の大きさは $F=200$ N です。したがって，トルクは

$$T=F\times r=200\ \mathrm{N}\times\frac{0.635}{2}\mathrm{m}=63.5\ \mathrm{Nm}$$

と計算できます。したがって，回転数とトルクから必要なパワーは

$$P_s=\frac{2\pi nT}{60}=\frac{2\pi\times 669\times 63.5}{60}=4\,449\ \mathrm{W}\fallingdotseq 6\ \mathrm{PS}$$

と計算できます。車を一定速度で走らせるためにエンジンでエネルギーを消費し，一定の仕事を出力しなければならないことがわかります。この理由は，空気抵抗が車体にかかっているためなので，抵抗を減らすことでエネルギー消費が少なくできることがわかります。　◇

例題 1.8　**ハンドルを回すときのトルク**

ハンドルを片手で回すときと，両手で回すときのトルクについて考えてみましょう。両手で同じ回転方向に同じ大きさの力 F（**図 1.10** に示すように作用線に対して直

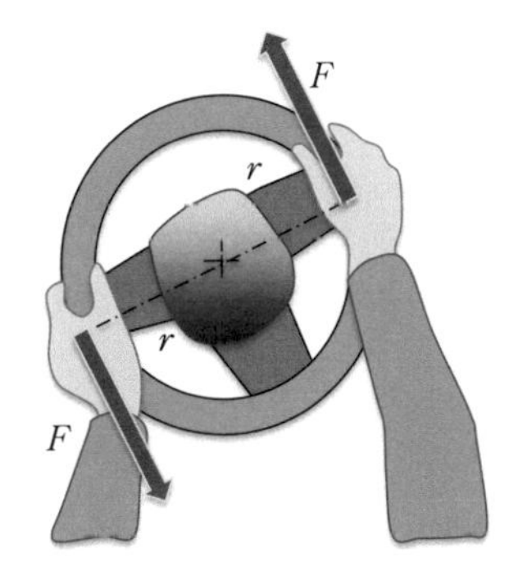

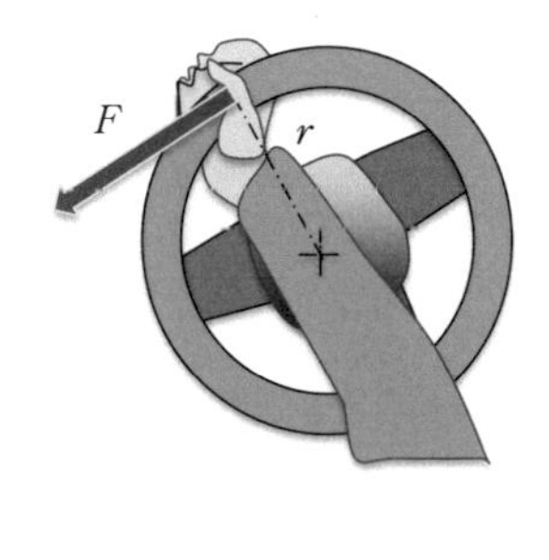

図 1.10　ハンドルを両手で回すときと片手で回すときのトルクの違い

角に働く方向は逆で大きさが等しい，一組みの平行の力）をかけるとき，この両手の力を**偶力**といいます。このときハンドルの軸にかかるトルク T は $T=Fr+Fr=2Fr$ です。一方，片手で回すときは，かける力が先ほどと同じ F だとすると，$T=Fr$ となります。もし，片手で回すときのトルクを両手で出すとすれば，片方の手で出す力の大きさは片手のときの半分で済むということがわかります。◇

例題 1.9　**レンチでボルトを締めるときのトルク**

レンチでボルトを締めるとき，レンチの回転中心（ボルトの中心）から 20 cm のところを握って，1 N の力を加えたときのトルクを求めてみましょう（**図 1.11**）。

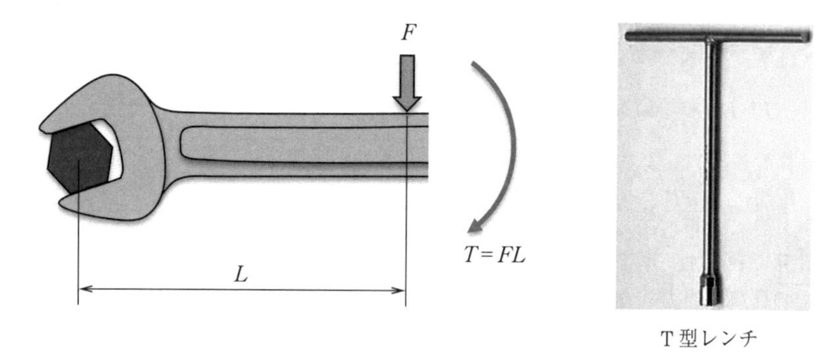

図 1.11　レンチでボルトを締める

トルク T は $T=FL$ で与えられるので，$T=1\times0.2=0.2$ Nm となります。なお，右図にあるような T 型レンチを使えば偶力を使えるので，もっと小さな力で同じトルクを出すことができます。◇

例題 1.10　**ウインチの力**

ウインチで水の入ったバケツを持ち上げるのに必要な力を求めてみましょう（**図 1.12**）。

ドラムの直径は 5 cm，それに付いたアームの長さは 0.5 m としましょう。水の入ったバケツの重さが 5 kgf とすると，アームにかける力 F は式 (1.8) より

$$T=5\ \mathrm{kgf}\times\frac{0.05}{2}\ \mathrm{m}=F\times0.5\ \mathrm{m}$$

と表されますから

$$F=5\ \mathrm{kgf}\times\frac{0.025}{0.5}=0.25\ \mathrm{kgf}$$

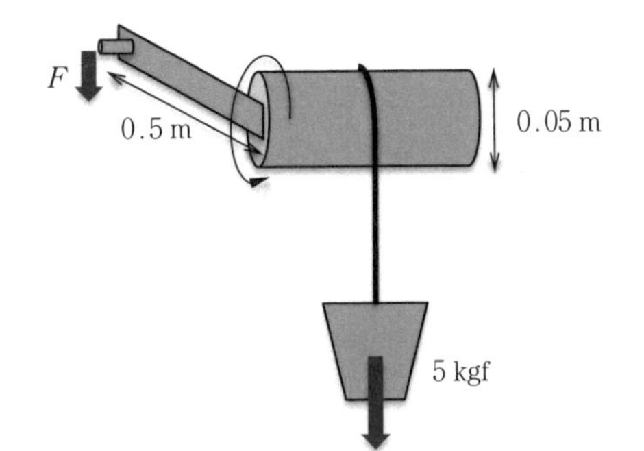

図 1.12　水をくみ上げるウインチのレバーを回す力

と求められます。5 kgf のものを 1/20 の力で持ち上げることができます。トルク T は式より 1.225 Nm です。これにモータを付けるのであればモータのトルクはこれ以上のものを選定すればよいことになります。◇

1.2　まっすぐ走る，カーブを曲がる

車を上から見たときの車輪の位置関係を**図 1.13** に示します。図の矢印の方向に車が進むものとします。前方のものを前輪，後方のものを後輪といいます。

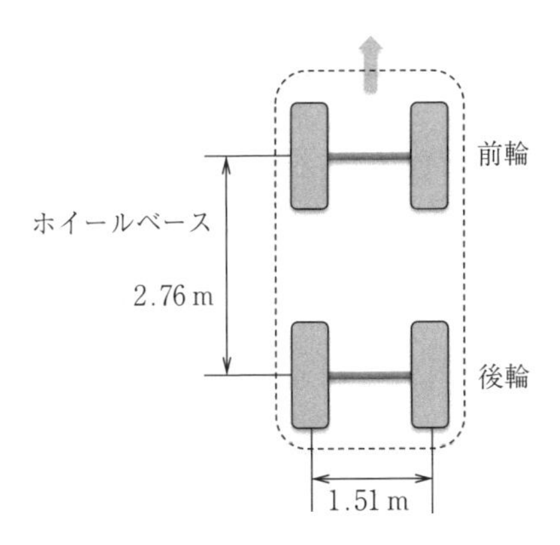

図 1.13　車　　輪

ちなみに，FF 車とか FR 車，4WD 車という呼び方がありますが，FF は front engine front drive，FR は front engine rear drive，4WD は all wheel drive の略です。前方にエンジンが付いていて，前輪で駆動するものを **FF**，前方に

エンジンがあり後輪で駆動するものを**FR**，4輪全部が駆動輪となるものを**4WD**と呼びます。

FFではエンジンの回転を直接前輪に伝えるので，後輪にそれを伝えるプロペラシャフトが必要なくなるために，室内を広く使えること，部品が少なくできるので安価に作れること，**図1.14**（a）に示すように前から車を引張る方法なので安定で運転しやすいことなどの利点があります。FRでは前輪は操舵，後輪は駆動というように役割を分担できるので足回りの構造はシンプルにできます。ただし，図（b）に示すように後ろから押すので進行方向に対して傾きやすい性質があります。4WDでは4輪で駆動するために悪路，滑りやすい路面で有効です。構造部品点数が多くなり，車全体が重くなります。

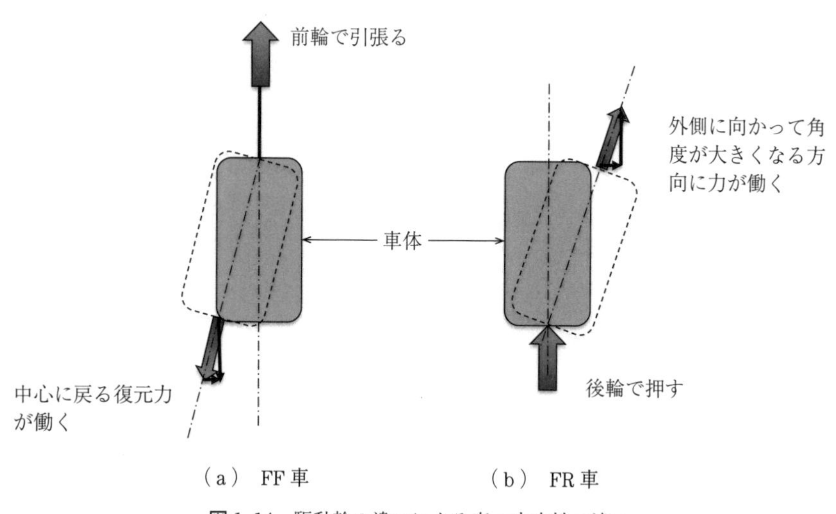

図1.14　駆動輪の違いによる車の安定性の違い

図1.14に示す関係は，例えばFF車では前輪で引張るので，箱に紐を付けて引張るのと同じです。引張った方向に箱は自動についてくるのと同様に，FF車の後輪は単に路面との摩擦で転がるだけなので前輪で引張る方向に後輪もついてきます。多少進行方向に対して傾いても元に戻るように働く力を復元力といいます。このとき，**安定**といいます。これに対して，FR車は後輪で押す形なので，あたかも箱を後ろから押したときのように前方が傾くと傾いた方

向にどんどん傾いてしまい，コントロールが難しくなります。このような状態を**不安定**といいます。

車のハンドルから手を離してもまっすぐ走るようにするために，**図 1.15** に示す**キャスター角**を付けます。接地点より前方にあるキャスター点で引張ることになるので，先の FF 車の原理と同じように，タイヤが進行方向に角度をもっても，まっすぐに戻る復元力が働きます。これによって旋回した後ハンドルから手を離すとハンドルが自動的に元に戻ります。また，車輪の垂直面からの傾きを**キャンバー角**といいますが，キャスター角があるとハンドルを切ったときに旋回の内側に傾くようにキャンバー角が付き，より旋回しやすくなります。また，旋回の外側方向に作用する遠心力に対してタイヤそのものの変形による力がそれと釣り合うことで旋回性能をより高くする役割があります。

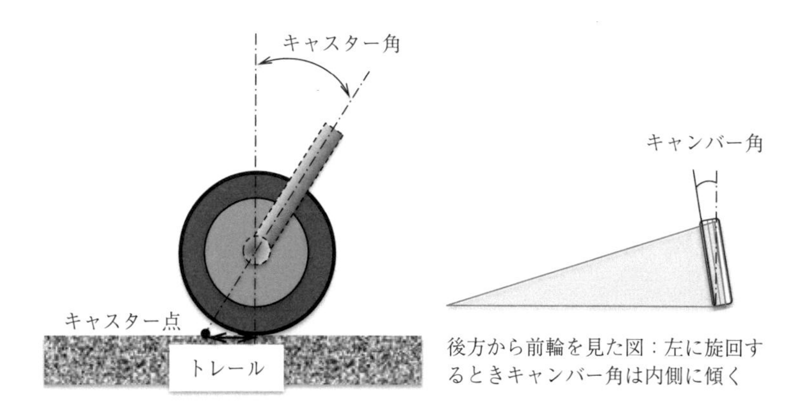

（a）キャスター角　　（b）キャンバー角

図 1.15　キャスター角とキャンバー角

旋回するときのことを**図 1.16** に示す前輪の軸の中心で旋回する荷車やお祭りの山車（だし）のような簡単な構造で考えてみましょう。

左旋回するときの前輪に着目すると，右側（曲線の外側）の前輪が描くカーブの半径は左側（曲線の内側）のそれに比べてトレッド（車輪間の距離）分だけ大きいことがわかります。つまり，外側の車輪は内側のものより長い距離移動しないといけないことになります。車輪の直径は同じですから，外側の車輪

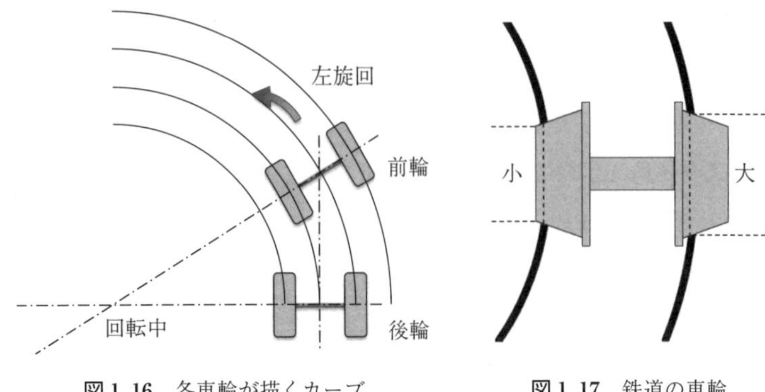

図 1.16　各車輪が描くカーブ

図 1.17　鉄道の車輪

の回転数が内側のものより多くならねばならないことを意味しています。したがって，両輪はそれぞれ別々の回転数が取れるようになっています。後輪についても同じことがいえます。もし，二つの車輪が車軸で固定されているとすると両輪の回転数は同じですから，車輪の半径が左右で異ならないといけないことになります。これを実現したのが，鉄道の車輪です（**図 1.17**）。車輪には**テーパー**（**細まり角度**）が付いていて，図のように旋回するときに外側の車輪の直径が大きくなり，内側の車輪の直径は小さくなるように工夫されています。このため，両輪が車軸でつながれていても，スムーズに旋回することができます。

車の場合，ハンドルを切っても前輪の軸が曲がるのではなく後輪軸と平行になったままです。このため，**図 1.18** に示すような**リンク機構**を使って，旋回カーブの外側と内側の前輪で傾き角度を変え，旋回中心を一致させたまま旋回半径が異なるようにしています。また，旋回中心はそれぞれの前輪の回転中心線と後輪軸の中心線が一致するようになっています。

このとき，前輪の直径は同じで，旋回半径を変えるためには前方に対する傾き角だけではなく，前述のキャンバー角も変えねばなりません。これに対して，後輪の回転数も旋回半径が異なるために変えねばならなりません。このことは例えば円柱を転がしたとき，これを旋回させるためには両端が転がらずに滑る必要があることからわかります。これを避けるために後輪は別々の回転数

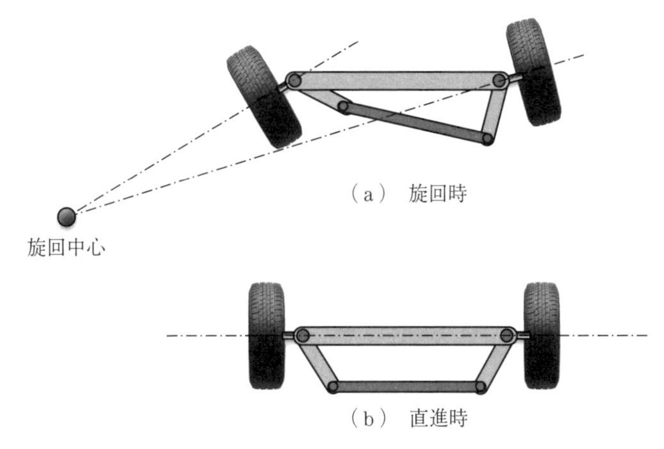

図1.18　アッカーマン式ステアリングのリンク機構

にならないといけません。それを実現するのが**図1.19**に示す**差動装置（ディファレンシャルギヤ）**です。エンジンからの回転を伝えるシャフトの末端に付いたピニオンギヤがリングギヤを通して回転方向を直角方向に変えます。リングギヤに固定されたスパイダーギヤは公転と自転をし，これによって両車輪に異なる回転数を与えることができます。例えば，両車輪同じ回転数で回転するときはスパーダーギヤの自転は止まっていて公転だけします。左側車輪が止まっている場合は，スパーダーギヤは公転と自転をして右側車輪だけに回転が

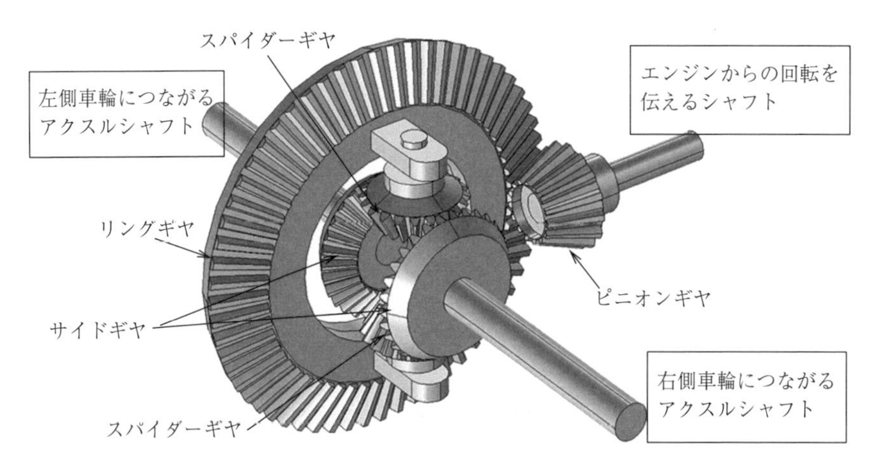

図1.19　差動装置（ディファレンシャルギヤ）の構造

伝わります。このスパーダーギヤが両輪の回転に差を付けるための重要な役割をするわけです。ところが，欠点はもし右側車輪がぬかるみでスリップしたとすると，回転は右側車輪だけに伝わり，左側には回転が伝わらないことです。これを解消するために，LSD（リミテッド・スリップ・デフ）があります。推進力が必要な軸に回転を伝えることができる装置です。例えば，サイドギヤの間にスプリングが入っている構造のものや，サイドギヤが軸方向に若干移動でき，裏側にクラッチ板を押し付けたり離したりできる構造のものがあります。

ある速度で走る車を旋回させるときにどのような力を作用させればよいか**図 1.20** に示す円軌道を描く場合で考えてみましょう。1.1.2 項で述べたように，力は速度の時間変化を起こすものですから，図 1.20 に示すように北北西に向いていた速度 $\boldsymbol{v}_1$ をある時間の後に北西の方向に向く速度 $\boldsymbol{v}_2$ にするために，力 F をかけたことになります。したがって，方向を変えるための力は

$$\boldsymbol{F}=m\frac{dv}{dt}$$

ということになります。この太字で書いた $\boldsymbol{F}$，$\boldsymbol{v}$ は大きさと方向をもっている量ですのでこれを**ベクトル**と呼びます。また，m は質量です。等速で円軌道を描く場合，速度の大きさ（ベクトルの矢印の長さ）は変わりませんが，方向が時々刻々と変わっていきます。これを変える原因が力です。したがって，力の方向も変化しますので，力もベクトルで表します。この力はどこから来てど

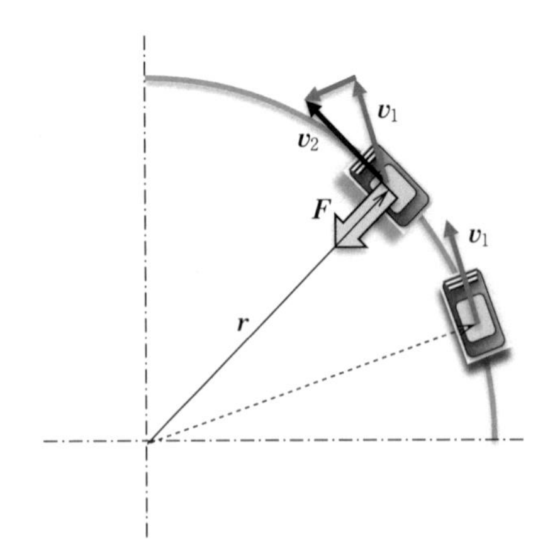

図 1.20　円軌道を描く車に作用する力

こにかかるかというと，ハンドルを切ることによって車輪の方向が変わり，タイヤと地面の間に生じる**摩擦力**がその力です。この摩擦力は旋回の中心を向いています。このような力を**向心力**といいます。したがって，タイヤと路面がツルツルと滑るようなときはいくらハンドルを切っても旋回できません。いかに摩擦が重要かわかりますね。この向心力と釣り合うように**慣性力**がこれと同じ大きさで真逆の方向にかかります。これを**遠心力**といいます。したがって，車本体にも，それに乗っている人にもこの遠心力が向心力の反作用として作用します。このため旋回の外側に向かって押し出されるような力として感じます。

向心力 $\boldsymbol{F}$ の大きさ $F=|\boldsymbol{F}|$ は旋回のカーブの半径 $r=|\boldsymbol{r}|$ と速度 $v=|\boldsymbol{v}|$ を使って

$$F=m\frac{v^2}{r} \tag{1.10}$$

と表されます。つまり向心力は速度の2乗に比例して旋回中心からの距離に反比例することがわかります。このことから高速で旋回すると大きな向心力が必要となることがわかります。タイヤが滑らないように路面との摩擦係数が大きなタイヤが必要です。また，同じ速度でも，旋回半径が小さいと大きな力が必要だということもわかります。

例題1.11　カーブを曲がるときの向心力を求める

車重1 000 kgfの車が，時速60 km（=17 m/s）で半径100 mのカーブに入ったとします。向心力はどのくらい必要か求めましょう。式(1.10)より

$$F=1\,000\times\frac{17^2}{100}=2\,890\ \mathrm{N}$$

の力が内向きに必要です。これはタイヤと路面の摩擦力で生じさせます。摩擦力 F_f は $F_f=\mu mg$ と表されます。ここに，μ は摩擦係数で，g は重力加速度（$9.8\ \mathrm{m/s^2}$）です。この向心力がかかったときに滑らないために必要なタイヤの摩擦係数 μ は $F=F_f$ より

$$\mu=\frac{2\,890}{1\,000\times9.8}=0.29$$

と求められます。したがって，この摩擦係数のタイヤを付けている場合，60 km/h以上の速度で入るとスリップすることがわかります。なお，体重60 kgfの運転者に

は旋回の外側に向かって遠心力として

$$F=60\times\frac{17^2}{100}=173\ \mathrm{N}$$

の力がかかります。これは約 18 kgf の重りを載せたのと同じ大きさですから，結構な力がかかりますね。　◇

1.3　省エネのための空気抵抗低減

昔の箱型の車で抵抗係数が $C_D=0.64$ だったものが，現在で最も低い値の抵抗係数は $C_D=0.28$ です。昔に比べるとほぼ半分になっています。省エネのためには**空気抵抗**を下げることです。走行時の安全性のために，高速道路における横風によるふらつきを抑える効果もあります。

空気抵抗低減や横風不安定性に関わるのは車周りの境界層流れおよびはく離流れです。**境界層流れ**は車体壁面の極近傍の流れで摩擦抵抗に関わります。**はく離流れ**は物体後方において流れが車体に沿わないで剥がれて大きな渦を形成します。このため大きな圧力損失を伴い，車前後の圧力差を大きくします。これが**圧力抵抗**（**形状抵抗**）となります。

図 1.21 に車周りの流れを示します。車の前方よどみ点から始まる壁面近くの境界層流れ，それがはく離して形成するはく離せん断層流れ，はく離せん断層で囲まれた後流があります。それらの流速は主流のそれに比べて小さく，壁面上では流速＝0 となっています。壁面上での速度の勾配は流れと壁面の間に

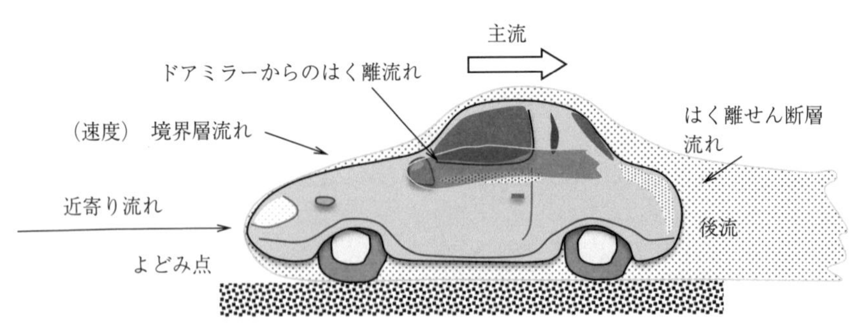

図 1.21　車周りの流れ

生じる摩擦力に比例し，その比例定数を**摩擦係数**といいます。後流における圧力と車の前方にかかる動圧の差が圧力抵抗となり，それは物体の形状によるので形状抵抗と呼ばれます。

車に作用する空気抵抗はこれら摩擦抵抗（20 %）と形状抵抗（80 %）の和で表されます。空気抵抗のうち形状抵抗が占める割合が大きいので，形状抵抗を下げることが全抵抗を下げるのに効果的です。形状抵抗を下げるには後方の形状を長く伸ばすことで流線形に近づけ，境界層流れが壁面に沿って流れるような形にして，はく離が起こらないようにします。ただし，車の後部を後方に伸ばしてもっと滑らかに流れるようにすると抵抗係数は下がりますが，車全体が長くなってしまいその分摩擦抵抗が増加しますので，どこかに妥協点を見いださねばなりません。また，車長が長くなることで旋回性能が落ちます。そのため，後方を短くしても抵抗係数が小さくなる工夫がこれまで施されてきました。例えば，セダンタイプの車では後方の傾斜角度を 10° とすると最も抵抗が小さくなり，ワゴンタイプの車では 15° といったことが実験や数値シミュレーションを積み重ねて最適値を求められてきました。

摩擦抵抗を減らすために，車の床下にある軸や排気管等をむき出しにしないよう滑らかにフェアリングを施す対策がとられてきました。こうすると空気抵抗の改善はされますが，揚力が大きくなるためフロント下部をスポイラ形状にする，後方下部をディフューザ状にするなどによって車本体が路面に吸い付けられるような対策がとられています。

車後方に形成される後流には，航空機の翼先端から生じる翼端渦と同じ種類の縦渦（**図 1.22**）が形成されます。これは物体が 3 次元であるために生じるもので，流れに垂直な断面内における圧力差に起因します。車のルーフ面とサイド面のつなぎ目である角部分をなめらかにすること（これをフェアリングという）で，この縦渦の形成を抑えることができます。

横風が吹いていると，車の斜め前方から流れが当たることになるため，直進方向に対してのはく離対策だけではこのような状況に対応できません。つまり，斜め方向からの流れに対してもはく離を抑えられるように形を設計しなけ

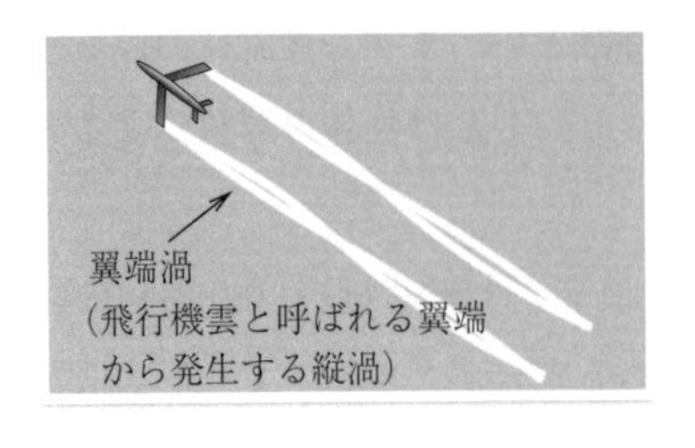

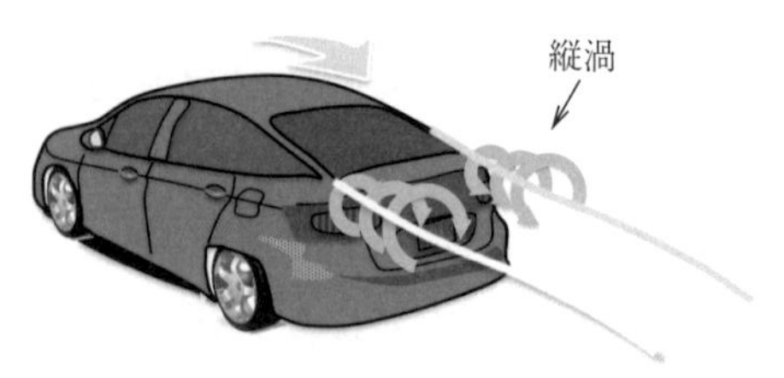

図 1.22　車後方に形成させる縦渦

ればなりません。流れが斜めから当たる代表的な例は，三角翼のはく離渦の発生機構です。渦の中心における低圧が翼壁面の圧力分布に影響し，いわゆる渦揚力の原因ですからこの場合は有効に利用できます。これが車の側面にできると，横力となり，高速走行時におけるふらつきの原因となります。これらの対策として，車床面での圧力対策，タイヤディフレクタでの流れ改善，およびルーフとサイド面との角部のフェアリングが重要となります。

例題 1.12　**車に作用する空気抵抗力**

抵抗係数 $C_D=0.3$ をもつ車が時速 100 km（$u=28$ m/s）で走行しているとき，どのくらいの抵抗力が作用しているか求めてみましょう。なお，この車の前方から見た面積である投影面積を $A=2$ m^2 とし，空気密度を $\rho=1.2$ kg/m^3 とします。

抵抗力 D は

$$D=C_D\frac{1}{2}\rho u^2 A \text{〔N〕}$$

で与えられますので，これに諸量を代入すると

$$D=0.3\times\frac{1}{2}\times 1.2\times 28^2\times 2=282 \text{ N}$$

と求められます。およそ 29 kgf の重りを引っ張るようなものです。

この式からわかるように，車速が 2 倍になると抵抗力は $2^2=4$ 倍になります。また，工学的に努力するのは抵抗係数です。抵抗力はこれに比例しますから，抵抗係数を 1 %下げれば，直接的に抵抗力が 1 %下がることになります。もちろん投影面積にも比例しますから，面積を小さくすることは抵抗を下げることにもなります。◇

例題 1.13　**車の燃費計算**

車が前方に一定速度で走っているとき，エンジンの出力はなにに使われているか

というと，車に作用する抵抗力と同じ大きさの推進力 T〔N〕を生み出すことです。このときの抵抗力は，路面とタイヤの間に生じる転がり抵抗 F_{roll}〔N〕と車に作用する空気抵抗 F_{air}〔N〕の和です。すなわち

$$T = F_{roll} + F_{air} \text{〔N〕}$$

です。もし，抵抗力がかからなければ，ある一定速度で走っているときはエンジンを切ってもそのまま走れることになります。じつは，電車は一定速度で走行するときにはモータの電源を切って惰性で走っています。車輪とレールとの転がり抵抗係数が 0.000 2 とタイヤと路面との転がり抵抗係数 0.015 に比べ 2 桁小さいのでこのようなことができるのです。

さて，転がり抵抗 F_{roll} は転がり抵抗係数 μ_r，車の車重 W〔N〕を用いて

$$F_{roll} = \mu_r W$$

と表されます。車速には関係がなく，車が重いとそれだけ転がり抵抗も増えることがわかります。これに対して，空気抵抗 F_{air} は車速 u〔m/s〕，空気密度 ρ〔kg/m^3〕，車の投影面積 A〔m^2〕，抵抗係数 C_D を用いて先の例題でも示したようにつぎのように表されます。

$$F_{air} = C_D \frac{1}{2} \rho u^2 A$$

つまり，空気抵抗は車速の二乗に比例します。したがって，速く走るほど空気抵抗は急激に大きくなります。

具体的に数値を入れて，一定速度 $u = 28$ m/s（＝時速 100 km/h）で走るときの推進力を見積もってみましょう。車重 $W = 1\,850$ kgf（$= 12.25 \times 10^3$ N），投影面積 $A = 1.77$ m^2，抵抗係数 $C_D = 0.3$，$\mu_r = 0.015$，空気密度 $\rho = 1.2$ kg/m^3 とします。

$$F_{roll} = 0.015 \times 1\,850 \times 9.8 = 272 \text{ N}$$

$$F_{air} = 0.3 \times \frac{1}{2} \times 1.2 \times 28^2 \times 1.77 = 250 \text{ N}$$

したがって，トータルの抵抗 F_t は

$$272 \text{ N} + 250 \text{ N} = 522 \text{ N}$$

となります。これが一定速度 28 m/s^2 で走るときに必要な推進力 T となるので

$$T = F_t = 522 \text{ N}$$

となります。

この力で走るのですから，これに必要なエンジンのパワー P〔W〕は

$$P = T \times u \text{〔W〕}$$

より

$$P = 522 \times 28 = 14\,616 \text{ W}$$

と求められます。馬力でいうと 1 PS＝735.5 W なので，これで割ると 20.0 PS とな

ります。これで1時間走るときの必要なエネルギー E〔J〕はパワーに時間を秒に換算したものをかければ求まるので

$$E=14\,616\times3\,600=53\times10^6\ \mathrm{J}$$

です。さて，ガソリンのもつエネルギー $E_{gasoline}$ は1 liter 当り 3.5×10^7 J です。このうちいろいろな損失を考慮して $\eta=15$ %が有効に使えるものとしましょう。したがって，1 liter のガソリンで使えるエネルギーは

$$3.5\times10^7\times0.15=5.25\times10^6\ \mathrm{J/liter}$$

となります。先に求めた1時間走るのに必要なエネルギーをこのガソリンで補うのに

$$53\times10^6\div5.25\times10^6=10.1\ \mathrm{liter}$$

が必要であることがわかります。1時間で距離100 km を走るのですから，1 liter 当りで走れる距離は，100 km÷10.1 liter＝9.9 km/liter です。これが燃費 FC です。したがって，FC は

$$FC\propto\frac{\eta E_{gasoline}}{\mu_r W_u+C_D\frac{1}{2}\rho u^3 A}$$

と表せることがわかります。つまり燃費を良くするには車重を軽くする，C_D 値を下げる，投影面積を小さくする，車速を抑えるということがわかります。もちろんガソリンの利用効率 η を上げること，ガソリン以外でもっと高いエネルギーをもつ燃料を使うということも重要であることがわかります。◇

1.4 電気自動車

二酸化炭素排出に伴う地球温暖化が危惧されて，電気自動車が脚光を浴びています。化石燃料を燃やしてエネルギーを取り出し，仕事に変えるエンジンを積んでいるいまの自動車に対して，**電気自動車**は**バッテリ**に蓄えた**電気エネルギー**で直接**モータ**を回して仕事に変換します。このときの変換効率は従来のエンジンの約30 %に比べて，モータでは約90 %と非常に高いことが利点です。しかし，電気の大半は火力発電所で化石燃料を燃やして作るわけですから，個々に燃料を使うのか，一括して電気を作るのかの違いであるので，画期的なエネルギー革新にはなりません。しかし，車のエンジン効率よりは火力発電所

の電気を作る効率のほうがやや高いので（発電効率は約 40 %程度），少しは有利となります。

さて，電気エネルギーの取り出し方を考えてみましょう。電池のプラス端子とマイナス端子を導線でつなぐとプラスからマイナスに向かって電流 I〔A〕（アンペア）が流れます。電流とは単位時間当りに通過する電荷量 q〔C〕（クーロン）のことです。したがって，電流 I は q/t で表せますから，単位の間にも〔A〕=〔C/s〕の関係があります。1 秒間に 1 C の電荷が流れると 1 アンペアです。いま，電池の電位が V〔V〕（ボルト）としましょう。電池のプラスとマイナス端子間での電位差 V で電荷 q が移動するときの仕事 W は qV〔J〕で表せます。ここで，$q=It$ で置き換えると，$W=IVt$〔W=AVs〕となります。オームの法則（$V=RI$，R は抵抗）を使うと仕事は

$$W=IVt=I^2Rt=V^2\frac{t}{R}$$

とかけます。これが損失なくすべて熱 Q〔J〕に変わったとすると

$$Q=W=IVt=I^2Rt=V^2\frac{t}{R}$$

の熱に電気のエネルギー（仕事）が変換されたことになります。電気エネルギーを取り出すには導線をモータにつなぐだけです。これによってなにが起こるかというと，高いエネルギー V〔V〕のほうから低いほう 0 V に電荷が移動するのです。このとき，電流でモータを回したことになります。

電気的仕事を見積もってみましょう。電流を I〔A〕（アンペア），電圧を V〔V〕，（ボルト）で表すと，電気的仕事 W_E は

$$W_E=\int_1^2 VIdt\,〔\mathrm{J}〕 \tag{1.11}$$

で表すことができます。もし，V と I が時間的に一定だとすると，式 (1.11) は

$$W_E=VI\int_1^2 dt=VI(t_2-t_1)\,〔\mathrm{J}〕 \tag{1.12}$$

と表せます。

例題 1.14　**電気仕事**

電圧 12 V で，電流 1 A を 5 分間流したときの仕事を求めてみましょう。

式 (1.12) にこれらの値を代入すると

$$W_E = VI(t_2 - t_1) = 12 \times 1 \times (5 \times 60 - 0) = 3\,600\ \mathrm{J}$$

と求まります。また，パワーは単位時間当りの仕事ですから

$$P = \frac{W_E}{(t_2 - t_1)} = VI = 12 \times 1 \times 12\ \mathrm{W}$$

となります。この仕事が物体を重力に逆らって持ち上げるのに用いられ，位置エネルギーに変換されたとすると，質量 60 kg の物体は $W_E = mg(y_2 - y_1) = 60 \times 9.8 \times (y_2 - 0) = 3\,600\ \mathrm{J}$ より，$y_2 = 6.1\ \mathrm{m}$ まで持ち上げられることがわかります。例えば，回転数 8 000 rpm のモータに使ったとすると，このモータのトルク T は

$$P_s = \frac{2\pi nT}{60} = \frac{2\pi \times 8\,000 \times T}{60} = 12\ \mathrm{W}$$

から，$T = 0.01\ \mathrm{N \cdot m}$ と求めることができます。　◇

例題 1.15　**バッテリの能力**

車が空気抵抗として 282 N の力を受けているとして，時速 100 km で 200 km を走行するときのエネルギーは

$$282\ \mathrm{N} \times 200 \times 10^3\ \mathrm{m} = 56\ \mathrm{MJ}$$

です。さて，リチウムイオン電池として 200 Wh/kg のスペックをもつものを使って，この距離を走行するものとすると，バッテリが何 kg 必要となるか求めてみましょう。このバッテリは 1 kg 当り 200 Wh のエネルギーをもっています。

$$200\ \mathrm{Wh/kg} = 200\ \mathrm{J/s/kg} \times 1 \times 3600\ \mathrm{s} = 720\ \mathrm{kJ/kg}$$

ですから，2 時間で必要なバッテリの重さは

$$56\ \mathrm{MJ} / 720\ \mathrm{kJ/kg} = 78\ \mathrm{kg}$$

と求められます。　◇

1.5 乗りごこち

図 1.23 に示すような簡単な車のモデルを示します。図のように路面がでこぼこしていてそこを走ることによって強制的に変位が与えられるとき，路面の振動が車に伝わらないようにする方法を考えてみましょう。

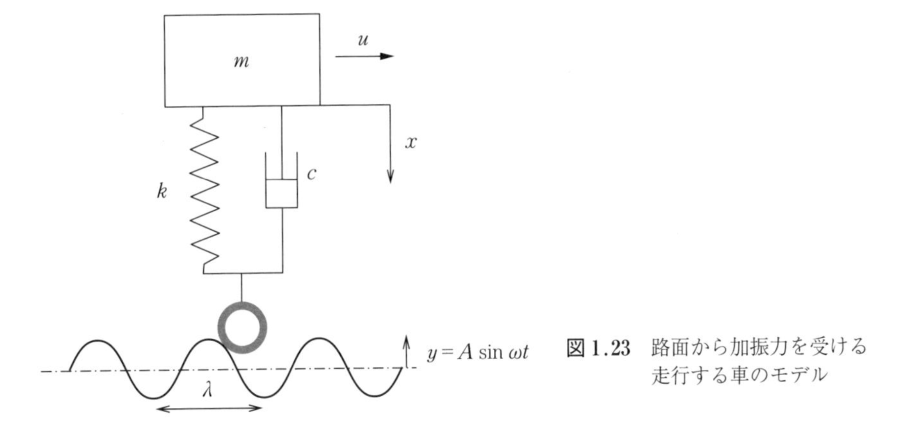

図 1.23　路面から加振力を受ける走行する車のモデル

車の質量を m, 車の速度を u, ばね係数を k, 減衰器の減衰係数を c で表します。また, 路面の凹凸が図に示すように $y=A\sin\omega t$ で表されるものとします。質量部分の変位を x とし, 路面の凹凸による強制変位を y とすると, バネとダンパの変位は相対変位 $x-y$ となります。したがって, この系の運動方程式は

$$m\ddot{x}=-c(\dot{x}-\dot{y})-k(x-y)$$

あるいは

$$m\ddot{x}+c\dot{x}+kx=c\dot{y}+ky \tag{1.13}$$

と書けます。変位が $y=A\sin\omega t$ のとき, 式 (1.13) は

$$m\ddot{x}+c\dot{x}+kx=A\sqrt{k^2+(c\omega)^2}\sin(\omega t+\phi)$$

$$\phi=\tan^{-1}\frac{c\omega}{k} \tag{1.14}$$

と表せます。式 (1.14) の右辺を見ると, この系に $A\sqrt{k^2+(c\omega)^2}\sin(\omega t+\phi)$ の加振力がかかったとみなすことができます。これより, この系の振幅 X は

$$X=A\sqrt{\frac{k^2+(c\omega)^2}{\{k-m\omega^2\}^2+(c\omega)^2}} \tag{1.15}$$

と表せます。また, 系と加振力の振幅比 X/A は

$$\frac{X}{A} = \sqrt{\frac{1+\left(\frac{2\zeta\omega}{\omega_n}\right)^2}{\left\{1-\left(\frac{\omega}{\omega_n}\right)^2\right\}^2+\left(\frac{2\zeta\omega}{\omega_n}\right)^2}} = T_r \tag{1.16}$$

と表せ，T_r は伝達率を表します。

さて，路面の凹凸が車に与える振動を考えてみましょう。車は一定速度 u m/s で走っているものとします。この速度で t 秒間走ると，その走行距離は ut ですから，路面の凹凸による強制変位は

$$y = A\sin\left(\frac{2\pi ut}{\lambda}\right) \tag{1.17}$$

で与えられます。角振動数 $\omega = 2\pi u/\lambda$ ですから，これを式 (1.15) に代入すると

$$X = A\sqrt{\frac{k^2+\left(c\frac{2\pi v}{\lambda}\right)^2}{\left\{k-m\left(\frac{2\pi v}{\lambda}\right)^2\right\}^2+\left(c\frac{2\pi v}{\lambda}\right)^2}} \tag{1.18}$$

が得られます。したがって，車の速度 u が

$$u = \frac{\lambda}{2\pi}\omega_n = \lambda f_n \tag{1.19}$$

のとき，共振し，揺れが大きくなります。これを**危険速度**といいます。なお，$f_n = 1/2\pi\sqrt{k/m}$ は車の固有振動数を表します。この，危険速度を避けるように設計すれば路面の凹凸は乗っている人に伝わらなくなります。でこぼこ道をゆっくりと走ればよいことがわかります。

2 生活で使うエネルギー

いまや電気とガスはわれわれの生活になくてはならないものです。これらを使って家庭では料理をしたり，風呂を沸かしたり，部屋の中を明るくしたり，冷暖房に使ったりします。また，交通手段としての電車や車を動かしたり，工場でものを作ったりします。ところが地球の資源は限りがあり，現状ではいつまでもいまの生活を続けることはできません。本章では身近なところからどのくらいのエネルギーを使っているのか，またそのエネルギーでどのくらいのことができるのか，どうすれば永く使っていけるのかといったことを考えていきましょう。

2.1 エネルギーとは

エネルギー（energy）というのは**仕事**（work）を行うことができる潜在的な能力のことをいいます。エネルギーそのもので仕事をするわけではありません。このため，エネルギーを仕事に変換する装置が必ず必要となります。ここで，仕事というのはものに力をかけ，その方向にある距離だけ動かすことです。

例えば，乾電池を例にこのことを説明してみましょう。乾電池は電気エネルギーをもっていますが，そのものだけではなにもできません。**図 2.1** に示すように，乾電池のプラスとマイナスにコードをつなぎ，それらをモータにつなぎます。そのモータにはスプールが付けてあり糸を巻き上げます。糸の先には魚がかかっていて，モータの回転とともに鉛直上向きに距離 x だけ上がることを想定します。モータがした仕事 W は力×距離で表されますから，$W=F\times x$〔J〕です。ここで，単位を〔 〕内の表現で表します。力 F は魚の重さ mg

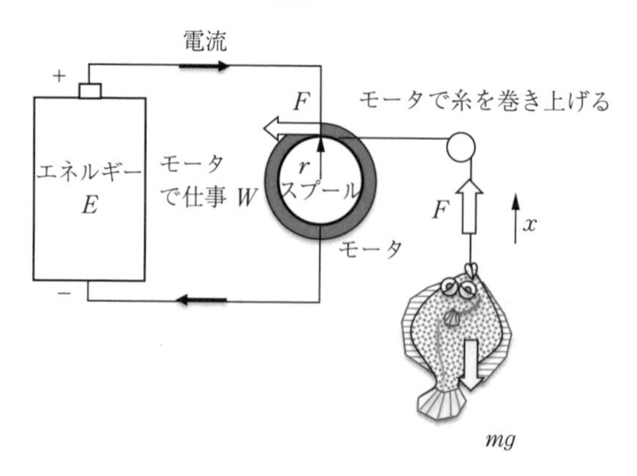

図 2.1　電池のエネルギーを使ってモータで仕事をする

〔N〕と釣り合っているので $F=mg$〔N〕です。したがって，モータがした仕事は $W=mgx$〔J〕と書くことができます。電池からモータに与えられたエネルギーはこの仕事と同じでなければなりませんから，電池がもっていたエネルギーのうち，$E=W=mgx$〔J〕を使ったことになります。ちなみに，モータに付けられた半径 r のスプールで巻き上げるときに必要なトルク T は $T=rF$〔Nm＝J〕です。この腕の長さ×力で表されるトルクは回転を使ってできる仕事を意味しています。なお，式からわかるように同じトルクであれば，持ち上げられる重さ（力）は腕の長さ r に反比例します。これは5.5節の自転車のギヤの半径との関係にも関わります。

乾電池の原理は化学工学です。それを電気として取り出すのは電気工学で，それを仕事に変換するモータや機構を作るのは機械工学です。

エネルギーの形態として，太陽エネルギー（光エネルギー，熱エネルギー），運動エネルギー，位置エネルギー，電気エネルギー，化学エネルギーなどがあります。エネルギーは形態を変え伝わります。例えば，植物では光エネルギーを光合成によって糖という化学エネルギーに変換して蓄えます。山に作られたダムの水がもつ位置エネルギーは落下によって運動エネルギーに変わります。形態が変わっても，仕事をすることができる能力の量は変わりません。これを**エネルギー保存則**といいます。

2.2 発　　電

総務省経済局統計データ日本の統計2017から，2014年度の日本における総発電量は10 537×10^8〔kWh〕でした。これだけの電気を作るのに火力発電が総発電量の91 %を占めています。残りの9 %の内訳は水力発電が8 %，太陽光発電などの新エネルギー発電が約1 %です。日本の国全体で使用する電力の消費量は2014年において中国，アメリカ，インドに次いで第4位で9 342×10^8〔kWh〕です。この，単位のkWhは，キロワットアワーと読んで1 kW（=1 000 W）の機器を1時間（=1 h）使用したときの消費電力量です。ワットというのはW=J/sですから

$$1\,\mathrm{kWh} = 1\,000\,\mathrm{J/s} \times 3\,600\,\mathrm{s} = 3.6 \times 10^6\,\mathrm{J}(=3.6\,\mathrm{MJ}\text{（メガジュール）})$$

のエネルギーに相当します。逆に1 MJは

$$1\,\mathrm{MJ} = 1\,000\,\mathrm{kW} \times 1\,\mathrm{s} = 1\,000\,\mathrm{kW} \times \frac{1}{3\,600}\,\mathrm{h} = 0.278\,\mathrm{kWh}$$

と換算できます。日本人一人当りでは，カナダ，アメリカ，韓国に次いで第4位で，7 829 kWh（=2.82×10^{10} J）を消費しています。総発電量と総消費電力量には差がありますが，それは送電等の損失によるものです。

上述の総発電量を生み出すのに，エネルギーの流れを**図2.2**で見てみましょう。先に示したデータを見ると，投入したエネルギーは24 753×10^8〔kWh〕

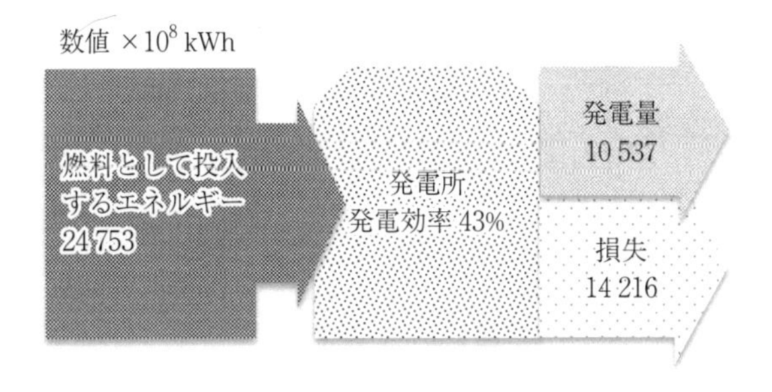

図2.2　発電に必要なエネルギーと発電量の関係

でした。投入量と発電量の差である 14 216×10^8〔kWh〕は，じつは損失として環境の空気を暖めるだけのために失ったエネルギーです。**発電効率** η は η=発電量/投入量と表されますから，日本の発電効率は η=0.43，つまり 43 % となります。世界的に見るとこの効率はそれほど飛び抜けてよいというものではありませんから，これをもっと上げるべく努力をすると地球温暖化の加速を少しでも下げられます。

2.2.1 火力発電

火力発電では**図 2.3** に示すように，燃料を燃やして熱に変え，お湯を沸かします。お湯から発生する水蒸気がもつエネルギー（これを**エンタルピー**と呼ぶ）によってタービンの翼を回転させ機械的エネルギーを得ます。タービンの軸が**発電機**（モータの使い方と逆）につながっていて，それを回転させることで電気を起こします。日本は資源が少ないために，自然から産出する燃料である石油，石炭，天然ガスの 95 % を海外からの輸入に頼っています。火力発電に使う燃料の内訳は石油（12 %）・石炭（34 %）・天然ガス（39 %）・その他（15 %）です。近年では天然ガスに依存する割合が多くなってきています。

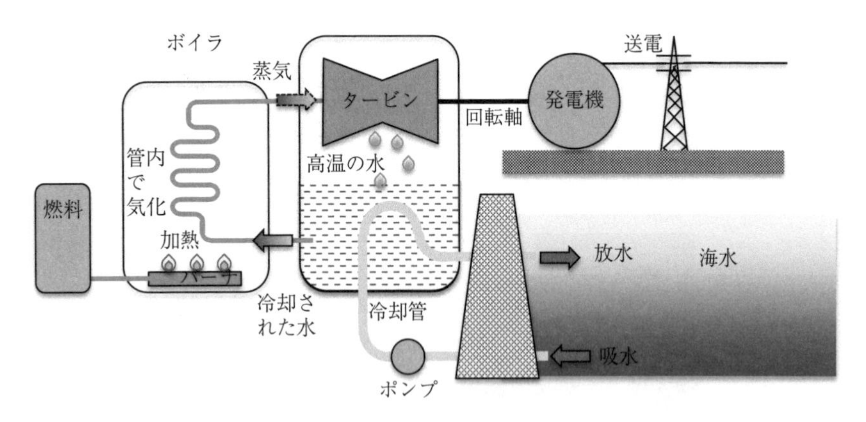

図 2.3 火力発電

2.2.2 水力発電

自然エネルギー（再生可能エネルギー）を使う**水力発電**では**図 2.4** に示すように，ダムに貯めた水の位置エネルギーを低いところに流すことで運動エネルギーに変換し，高速の水流を水車の羽根車に当てて回転させ発電します。水力発電の効率は 80 ％ほどです。ダム水位と発電所との高低差落差を H〔m〕で表し，水の密度を ρ〔kg/m^3〕，重力加速度を g〔m/s^2〕で表すと，水のもっている位置エネルギーは ρgH〔J/m^3〕です。これは 1 m^3 体積の水が高さ H のところにあるときにもっているエネルギーです。したがって，流量 Q〔m^3/s〕の水を流すことによって仕事率 L〔W〕を計算することができます。すなわち，$L=\rho gQH$〔W〕と表せます。例えば，100 m×100 m×10 m の容量のダムの水面が地上から $H=20$ m のところにあるとしましょう。位置エネルギーを求め，そのエネルギーを 1 日（24 時間）かけて使って発電するとしたら，このダムの発電量はどのくらいになるのか計算してみましょう。水の密度 ρ は 1 000 kg/m^3 です。位置エネルギーは ρgH ですから

$$1\times 1\,000\times 9.8\times 20=196\,000\ \mathrm{J/m^3}$$

です。100×100×10 m^3 の水を 24 時間で流すので，これを 1 秒間当りに換算すると

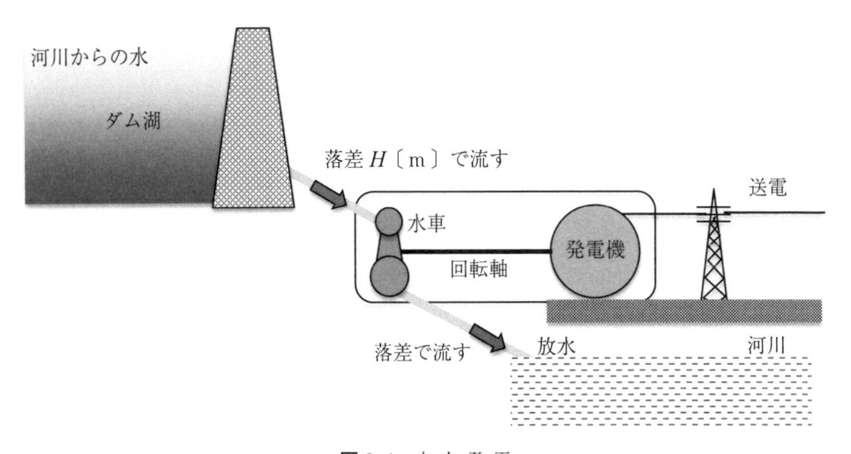

図 2.4　水 力 発 電

$$Q=\frac{100\,000}{24\times3\,600}=1.16\ \mathrm{m^3/s}$$

となります。したがって，80 %の効率で発電すると仕事率は

$$0.8\times196\,000\times1.16=182\ \mathrm{kW}$$

となります。これで 24 時間発電すると発電量は

$$182\ \mathrm{kW}\times24\ 時間\times3\,600\ \mathrm{s}=15\,725\times10^6\ \mathrm{J}=4\,368\ \mathrm{kWh}$$

ということになります。ちなみに，黒部川第四発電所では 335 000 kW の発電をするので，この設定したダムの 1 840 倍の発電をするということになります。

2.2.3　風 力 発 電

自然エネルギーを使う**風力発電**では風のもつ運動エネルギーを風車に当てて回転させ，風車の軸につながっている発電機によって電気を作ります。風力発電は約 2 200 基で約 3.3×10^6〔kW〕ですから，2014 年度における日本の総発電量である約 120×10^6〔kW〕の 2.7 %に相当します。もし，風力発電で全体の半分を賄うとすると，何基必要か計算してみましょう。一基当り

$$\frac{3.3\times10^6\mathrm{kW}}{2\,200\ 基}=1\,500\ \mathrm{kW}/基$$

ですから

$$\frac{\left(\dfrac{120\times10^6}{2}\right)}{1\,500}=40\,000\ 基$$

必要となります。本州の海岸線の長さが約 10 000 km ですから，景観や環境に与える影響を無視して，海岸線に沿って並べるとすると 250 m 間隔で並べる必要があります。

2.2.4　太陽光発電

自然エネルギーを使う**太陽光発電**では光のエネルギーを半導体の電子に吸収させ，電子を流れやすくして電気を発生させます。したがって，光が当たっている間だけ発電します。発電量はおおむねソーラーパネル 20 m^2 で 1 kW の発

電が見込めます。これはおよそ1世帯当りの電力ですから，日本の全世帯である4 800万世帯を賄うためには960 km^{2}の面積が必要になる計算です。これは東京都の面積の約1/2に相当します。景観と道路の有効利用を考えて道路に太陽光パネルを敷き詰めることにしましょう。東京都の道路面積は176 km^{2}ですから，隣接する埼玉258 km^2，千葉242 km^2，群馬183 km^2，神奈川168 km^{2}を合わせると先の計算で求めた面積が十分に確保されます。

2.2.5　その他の発電

これらのほかにも自然エネルギーを使う**地熱発電**，**潮力発電**などがあります。しかし，これらは地域の特性に大きく依存するので，どこでもできるわけではありません。

また，トウモロコシなど生物資源から作る燃料で火力発電するものに**バイオマス発電**があります。燃焼方法としては，そのものを直接燃やし蒸気タービンを回すもの，バイオマスから熱分解ガスを発生させガスタービンを回すもの，家畜の糞尿や生ごみなどを発酵させ，メタンなどのバイオガスを発生させガスタービンを回すものなどがあります。

発電にかかわる工学は，原油を燃料としてもっと使いやすい都市ガス，ガソリンなどに加工する化学工学，燃焼によってお湯を沸かして蒸気を作る**ボイラ**は機械工学（その中でも燃焼・伝熱工学，蒸気は熱力学，蒸気の噴流とタービンは流体工学，冷却は伝熱工学），発電機の仕組みは電気工学，送電線の構造は機械工学，送電は電気工学といったものです。また，水力発電では流体工学，ダム建設には水力学と土木工学がおもに関わります。

2.3　エネルギーの取り出し方

1.4節で述べたように，電気エネルギーを流すために導線をつなぎました。これを水力発電の水（電荷）に置き換えて考えると，ダム（電池）に貯めている水の水位（電場の位置エネルギー）が，低い水位のほうへ向かって水（電荷）が流れることと同じといえます。この水流で水車を回すことが，電流でモータを回すことに対応します。

そのことを**図 2.5** で見ていきましょう。高い位置にある水がもっているエネルギーは E_1，低いところのものは E_2 です。この 2 箇所をパイプでつなぐとそのエネルギー差 $E=E_1-E_2$ で水が流れます。

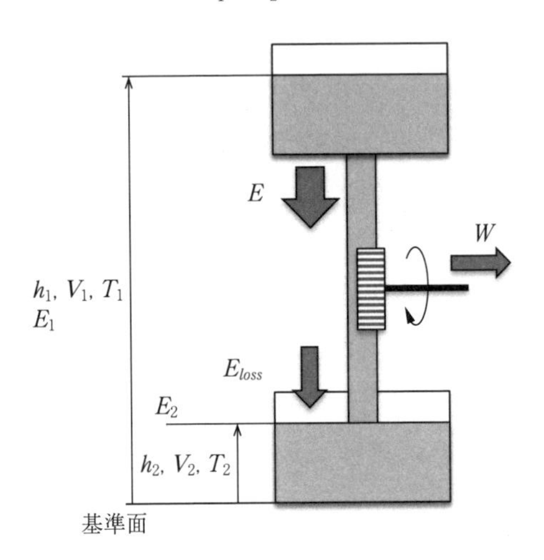

図 2.5　エネルギーの流れ

しかし，すべて仕事 W に使えるわけではありません。その理由は摩擦や伝導などで周囲の環境に拡散してしまうエネルギーがあるためです。例えば，高いところから低いところに向かって水が流れる，高い温度のところから低い温度のところへ熱が移動する，高い電位から低い電位へ向かって電流が流れるといった自然に起こる変化（これを**自発変化**といいます）はつねにこのようなエネルギーの質の低下を伴います。このことを**熱力学第二法則**といいます。摩擦で発生する熱が周囲に広がってしまうことがおもな原因です。摩擦がある限りその分のエネルギー E_{loss} は仕事に使えないのですが，そのエネルギーはもともともっていたエネルギーの一部ですから，**熱力学第一法則**であるエネルギー保存則である

$$E=W+E_{loss}$$

はもちろん成り立っています。このとき，この仕事 W を取り出す機械の効率 η は

$$\eta=\frac{W}{E}=\frac{E-E_{loss}}{E}=1-\frac{E_{loss}}{E}$$

と表されます。熱力学第二法則から 100 %の効率をもつ機械は作れないということがわかります。工学はいかにこの効率を上げるかということに取り組んでいるのです。

さて，水のもつエネルギーに戻りましょう。いま，基準の位置から計って h_1 の位置にある質量 m の水がもっている位置エネルギー E_1 は $E_1=mgh_1$ と表されます。同様に低い位置 h_2 にある水の位置エネルギー E_2 は $E_2=mgh_2$ と表されます。したがってこの二箇所をつないだときのエネルギー差 $E=E_1-E_2$ は

$$E=mg(h_1-h_2)$$

となります。また，仕事に使えないエネルギー E_{loss} は配管内を水が流れるときに管壁に擦れる摩擦熱です。したがって，水車を回す仕事 W は

$$W=mg(h_1-h_2)-E_{loss}$$

となります。この水の位置エネルギーによって水の流れを作るためには高い位置と低い位置がなければならないことになります。いくら高いところに水をもっていってもそれだけでは水車を回せないことがわかります。高低差を水に教えるのがパイプの役目であるともいえますね。

同じように，電池に導線をつなぐことによって電圧差 $V=V_1-V_2$ を付けてはじめて電流を流せることになります。そのときの電気エネルギー E は $E=qV=q(V_1-V_2)$ と表されます。ここに，q は電荷量（1.4 節参照）です。

温度差によって熱エネルギーが移動します。その流れた熱エネルギー量を熱量といいます。温度差によって移動するエネルギー（熱量）E は $E=mc(T_1-T_2)$ と表されます。ここに，c は比熱（2.4 節参照）です。熱エネルギーはパイプや導線といった架け橋がなくても伝わることができるので便利な反面，摩擦熱のようにいろいろな方向に逃げていってしまうために使えない部分も多いのでエネルギーの質という点では低いものということがいえます。

例題 2.1 水 力 発 電

落差 $H=20$ m の水力発電を考えましょう。流量 Q〔m³/s〕$=10$ m³/s とします。水の密度 $\rho=1\,000$ kg/m³ なので，1秒当りに流れる水の質量は $m=\rho Q$ より 10 000 kg/s となります。発電効率 80 %であるとして，発電量 W を求めてみましょう。

$$W=0.8\times mgH=0.8\times 10\,000\times 9.8\times 20=1.57\times 10^6 \text{〔J/s=W〕}=1.57\ \text{MW}$$

となります。一世帯当り 1 kW の消費電力とすると，1 570 世帯を賄える発電量だということがわかります。◇

例題 2.2 充電池の能力

手持ちの充電用携帯バッテリに容量 10 000 mAh，出力 DC5 V，1 A という表示を見つけました。これにスマホ 5 V，1 A＝1 000 mA をつなぐと，1 時間で充電完了するとします。この充電器は何回分使えますか？　1 時間で消費するのは

$$1\,000\ \text{mA}\times 1\ \text{h}=1\,000\ \text{mAh}$$

です。したがって

10 000 mAh ÷ 1 000 mAh ＝ 10 回です。◇

2.4 ガスを使って温める

ガスコンロに水の入った鍋をかけてお湯を沸かしましょう。都市ガス 13 A（45 MJ/m³）を燃焼させて加熱するのですが，燃焼温度を T_1，鍋の水の温度を T_2 としましょう。温度差によって移動するエネルギーを熱と呼びます。どのくらい熱が流れるかという量を表すのが熱量 Q です。それはつぎのように表されます。

$$Q=mc\Delta T \tag{2.1}$$

ここで，水の質量を m，比熱を c，温度差 ΔT を $\Delta T=T_2-T_1$ で表します。例えば，20 ℃，500 g の水を加熱して 100 ℃にするのにどのくらいの熱量を加えればよいか，式 (2.1) を使って計算してみましょう。ただし，比熱を $c=$ 1 cal/g℃とします。この cal という単位は 1 g の水を 1 ℃上昇するのに必要な熱量を表し**カロリー**と呼びます。国際単位では J で表しますので，次式のように cal を J に換算する必要があります。

$$1\ \mathrm{cal} = 4.2\ \mathrm{J} \tag{2.2}$$

です。このJという単位を使ったときの比熱は$c = 4\,200\ \mathrm{J/kg℃}$です。calを使うときには1g当りとしていますが，Jでは1kg当りのエネルギーという扱いをしている点に注意してください。ただ，食品関連ではcalのほうが一般的ですから身近な単位のほうを使って先の例を計算してみましょう。各数値を式(2.1)に代入すると

$$Q = 500 \times 1 \times (100 - 20) = 40\,000\ \mathrm{cal}$$

となります。1000という単位をk（キロ）で表しますので，40000calを40kcal（キロカロリー）と書きます。さて，工学的にはJという単位で表しますから，式(2.2)を使うと，40kcalは168kJと書けます。

ここで，ガスを燃やして水を温めたわけですから，ガスの燃焼で発生させたエネルギーは168kJということになります。これが，物質がもっているエネルギーを計る原理にもなっています。ものの保有エネルギーを知りたいときは，それを燃やしてみて水温がどのくらい上昇したかで見込むことができるのです。さて，これだけの熱エネルギーを与えるのにどのくらいの量の都市ガス13Aを使ったかを計算してみましょう。都市ガス13Aは1m^{3}当り45MJとデータで与えられていますから，先の168kJを得るためには

$$168\ \mathrm{kJ}/45\ \mathrm{MJ} = 0.003\,73\ \mathrm{m^3}$$

と計算できます。この量（体積）をガスメーターで測っています。**図2.6**に示す計器表示窓は□□□□.□□□m^{3}となっていますから，先の量のガスを使

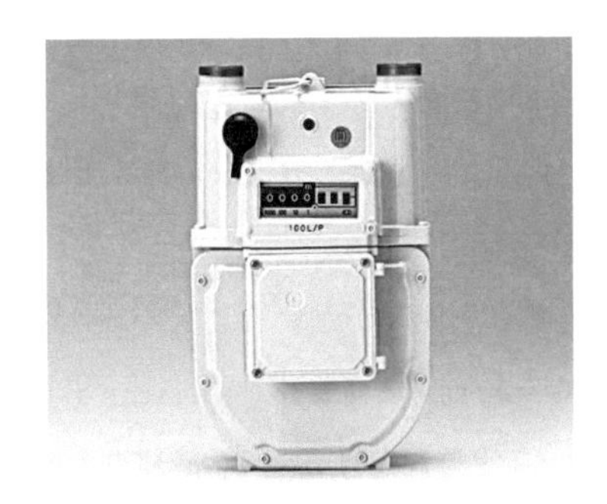

図2.6　ガスメーター（単位はm^3）

うと表示窓の末尾の桁に3が加算されて表示されます。例えば，ガスを使う前に1 234.567となっていたときには0.003が加算されて，1 234.570となります。

さて，この場合ガスを燃焼させて水を温めたということはガスのエネルギーを水に移したことにほかなりません。水から見ればエネルギーを貰ったことになります。すなわち，つぎの関係

(ガスが初めにもっていたエネルギー＋水が初めにもっていたエネルギー)
＝(ガスが燃えた後にもっているエネルギー＋水が温められた後にもっているエネルギー)　(2.3)

が成り立つことをエネルギー保存則といいます。上述の値を式 (2.3) に代入してみましょう。

$$168\ \mathrm{kJ}+0\ \mathrm{kJ}=0\ \mathrm{kJ}+168\ \mathrm{kJ}$$

となり，ガスのエネルギーが水に移った関係を見ることができます。

都市ガス13 Aを0.001 m^3 使って，コップ1杯の20 ℃の水（180 g）を温めるとき，何℃になるか考えてみましょう。まず，その量のガスがもっているエネルギーは $45\times10^6\ \mathrm{J/m^3}\times0.001\ \mathrm{m^3}=45\ \mathrm{kJ}$ です。これが水の温度上昇になるので，$45\ \mathrm{kJ}=0.180\times4\,200\times(T_2-20)$ より，$T_2=80$ ℃となります。

お風呂に張った水の量を

$$0.8\times0.7\times0.6=0.336\ \mathrm{m}^3$$

としましょう。

これを15 ℃から42 ℃にまで温めるのに，必要なエネルギーは $0.336\times1\,000\times4\,200\times(42-15)=38\ \mathrm{MJ}$ です。このとき供給するガスの量を見積もってみましょう。$38\ \mathrm{MJ}/45\ \mathrm{MJ/m^3}=0.844\ \mathrm{m^3}$ と求められます。ガスメーターの窓の数字が0.844 m^3 増えることになります。

仕事率は1秒間でどのくらいのエネルギーを使うかということを表します。単位はエネルギー/秒ですがこれを〔W＝J/s〕で表します。いま，6 kJ（＝6 000 J）のエネルギーを1分間（60秒）で使ったとすると何Wになるか見積もってみましょう。6 000/60＝100 Wとなります。いま，30 Wの蛍光灯を1

時間付けていたとすると，どのくらいのエネルギーを使ったか計算してみましょう。30 W というのは 1 秒間に 30 J のエネルギーを使いますから，1 時間 = 3 600 秒では

$$30 \times 3\,600 = 108\,000\ \mathrm{J} = 108\ \mathrm{kJ}$$

と求まります。

100 PS（1 PS = 735.5 W）のエンジンで 1 t（トン）（= 1 000 kg）の水を 20 ℃から 100 ℃にまで加熱するのに何分かかるか計算してみましょう。まず，100 PS に 735.5 W をかけて，73 550 W がこのエンジンの仕事率です。水 1 t を 20 ℃から 100 ℃に上昇させるのに必要なエネルギーは $1\,000 \times 4\,200 \times (100 - 20) = 336 \times 10^6$ J です。これを 73 550 で割れば時間が求まります。つまり，$336 \times 10^6 \div 73\,550 = 4\,568$ 秒，したがって約 76 分です。

例題 2.3　**お湯を沸かすエネルギー**

15 ℃の水 1 リッターを 100 ℃まで加熱するのに必要なエネルギーを求めてみましょう。1 リッターの水の質量は 1 kg です。式（2.1）より

$$Q = 1\,000 \times 1 \times (100 - 15) = 85 \times 10^3\ \mathrm{cal} = 85\ \mathrm{kcal} = 357\ \mathrm{kJ}$$ ◇

2.5　エネルギーの伝え方

熱というのは境界（物体表面）を横切って温度差（温度勾配）によって移動するエネルギーです。これの移動は，伝導，対流，放射によって起こります。注目しているシステム，例えば，水に熱が入ってくるときを +（正）にして表し，逆にシステムから出るときを −（負）として表します。熱量が正の場合を**加熱**，負の場合を**放熱**といいます。したがって，**図 2.7** の場合，水に着目すれば熱量が入ってくるので加熱されたといいます。ガスに着目すれば熱量を出したので放熱したといいます。環境そのものに着目すると閉じた環境の中で熱のやり取りがあっただけで，プラス・マイナス 0 です。実際にはガスは周囲の空気も若干温めているので環境も温度は上がりますが，もともと環境，ガス，水

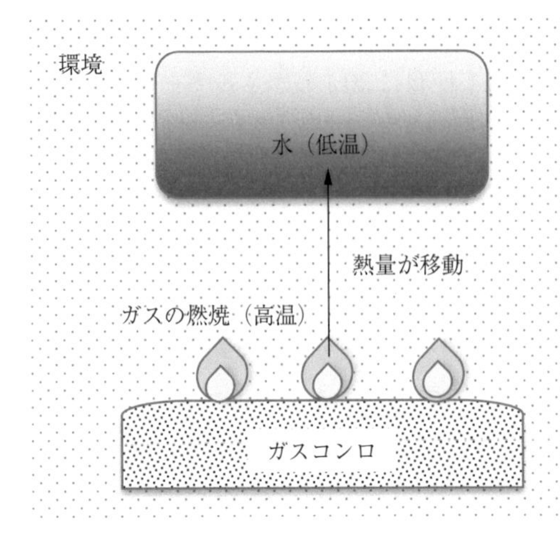

図 2.7　熱エネルギーの移動（高温から低温へ向かう）

がもっていたエネルギーの総和は変化していません。いま，周囲の空気の温度上昇は無視してガスと水だけの熱量の授受に絞って考えれば，式 (2.3) で表したことが成り立ちます。なにに着目して問題を考えるかによってその適応できる範囲が異なるだけです。

2.5.1　熱　伝　導

図 2.8 に示すように，厚さ Δx の壁を伝導で伝わる単位時間当りの熱量（$\dot{Q}_{cond}$〔J/s＝W〕（これを**熱流束**（**熱流量**）と呼びます）はつぎのように表されます。

$$\dot{Q}_{cond} = -kA\frac{dT}{dx}\ \text{〔W〕} \tag{2.4}$$

ここに，k〔W/(m・K)〕は壁の**熱伝導率**と呼ばれ，物質の熱の伝わりやすさを表す値です。代表的物質における k を**表 2.1** に示します。この値が大きいと熱が伝わりやすいことを表します。

式 (2.4) の k の前に負符号が付いているのは，温度が減少する方向に熱エネルギーが流れることを表しています。したがって，温度が下がる方向（勾配が

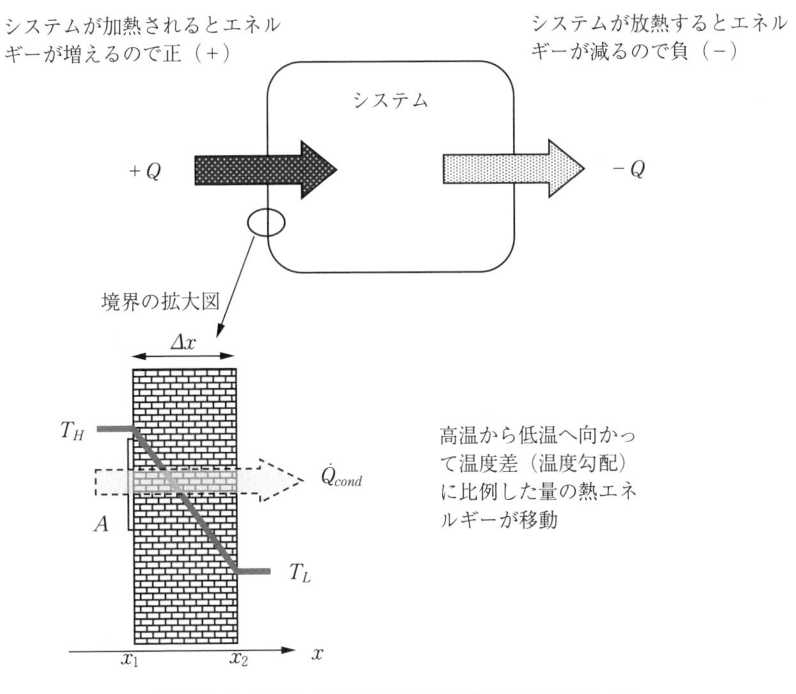

図 2.8 システムの境界を通じて伝導で熱が出入りする

表 2.1 熱伝導率

物 質	熱伝導率 k〔W/(m・K)〕
銅	401
アルミニウム	237
鉄	80
ガラス	1.4
人の皮膚	0.37
木	0.17

負）のとき加熱されるので $+Q$ となるように表現しています。壁の中の温度分布が図 2.8 に示すように直線的であれば，式 (2.4) は

$$\dot{Q}_{cond} = -kA\frac{T_L - T_H}{x_2 - x_1}\ \text{〔W〕} \tag{2.5}$$

と差分（引き算）の比で表されます。

例題 2.4　**伝導で伝わる熱量**

厚さ 1 mm のアルミニウム板の片面を 100 ℃に加熱し，反対側の面は 20 ℃になっている。0.1 m^2 の面積を通じて流れる熱流束を求めてみましょう。

$T_H=273+100=373$ K，$T_L=273+20=293$ K ですから，式 (2.4) より

$$\dot{Q}_{cond}=-kA\frac{T_L-T_H}{x_2-x_1}=-237\times0.1\times\frac{293-373}{0.001}=1\,896\times10^3\ \mathrm{W}=1\,896\ \mathrm{kW}$$

となります。◇

例題 2.5　**板の加熱面の裏側の温度**

2 kW のヒーターで熱量を厚さ 10 mm，面積 0.1 m^2 の鉄板に流しています。片面の高い温度が 200 ℃であるとき，反対側の面の温度は何℃になっているか計算してみましょう。また，厚さ 1 mm の木板の場合はどうでしょうか？

式 (2.5) より

$$\dot{Q}_{cond}=2\,000=-kA\frac{T_L-T_H}{x_2-x_1}=-80\times0.1\times\frac{T_L-473}{0.01}$$

と表され，$T_L=470.5$ K $=197.5$ ℃と求められます。また，表 2.1 より，木の場合 $k=0.17$ ですから，上述と同様にして計算すると，$T_L=355$ K $=82$ ℃となります。このことから，鉄板では両面においてほとんど温度差がありません。つまりよく熱が伝わるということを示しています。逆に，木の場合は片面が 200 ℃あっても，反対側の面では 82 ℃にしかならないので熱伝導率が低いということを意味しています。木は熱を伝えにくいということがわかります。◇

2.5.2 熱　対　流

対流による熱伝達は固体から流体（空気，水など）に伝えられる様式です（**図 2.9**）。つまり，鍋の中の水を温めるときのように，金属の鍋の表面から鍋の中の水全体に熱が伝わる様式です。鍋の内側面近くで熱せられた水は密度が小さくなり，浮力によって上昇します。この流れを**自然対流**といい，それによる熱伝達を**自然対流熱伝達**といいます。また，扇風機やポンプで強制的に作った流れによる熱伝達を**強制対流熱伝達**といいます。どちらの様式であっても流体の対流による熱流束 $\dot{Q}_{conv}$ はつぎのように表されます。

$$\dot{Q}_{conv}=hA(T_s-T_f)\ \text{〔W〕}\tag{2.6}$$

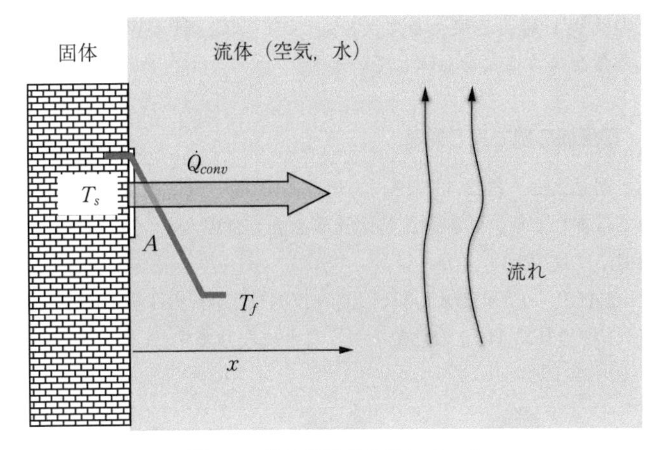

図 2.9　流れが熱量を運んでいく

ここに，h は対流熱伝達率〔W/(m^2・K)〕，A は熱伝達が起こる物体の表面積，T_s は固体表面温度，T_f は固体から離れたところにおける流体の温度をそれぞれ表します。

例題 2.6　**自然対流によって失う熱量**

図 2.10 に示すように，室温が 20 ℃の部屋にいる体温 36 ℃の人が自然対流によって失う単位時間当りの熱量を求めてみましょう。人の表面積を 1.3 m^2 とし，自然対流熱伝達率を $h=2$ W/(m^2・K) とします。

式 (2.6) より，対流熱伝達は $\dot{Q}_{conv}=hA(T_s-T_f)$ ですから

$$\dot{Q}_{conv}=hA(T_s-T_f)=2\times1.3\times\{(273+36)-(273+20)\}=41.6\text{ W}$$

図 2.10　自然対流

また，単位の〔W〕は書き換えると〔J/s〕ですので，41.6 W というのは 1 秒当りに 41.6 J の熱量を失うことを意味しています。　◇

例題 2.7　扇風機の風で失う熱量

先の問題と同じ人が，**図 2.11** に示すように扇風機の風に当たっているときに失う熱量を求めてみましょう。強制対流熱伝達率を $h=20\ \mathrm{W/(m^2 \cdot K)}$ とします。

前問と同様に，式 (2.6) より

$$\dot{Q}_{conv}=hA(T_s-T_f)=20\times1.3\times\{(273+36)-(273+20)\}=416\ \mathrm{W}$$

したがって，1 秒当りに 416 J の熱量を失うことになります。　◇

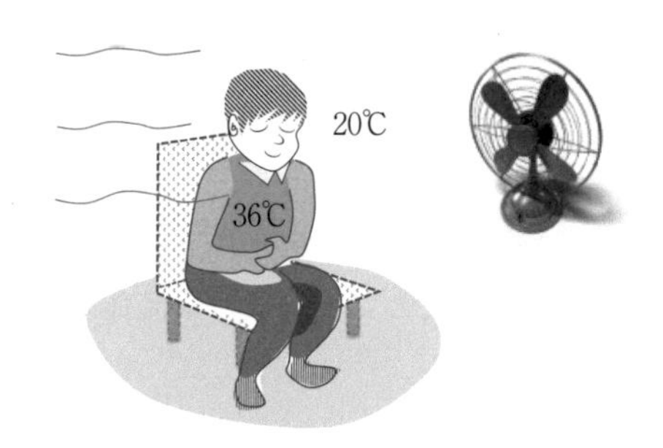

図 2.11　強 制 対 流

2.5.3　放　　　射

光の速さでエネルギーが伝わる方式を**放射**といいます。例えば，離れた太陽の熱を電磁波として地球上で受け取るときのものです。絶対零度より高い温度のすべての物体から**熱放射**がなされます。

図 2.12 に示すように，表面積 $A\mathrm{m}^2$ の物体から放射される熱流束 $\dot{Q}_{rad}$ は表面の絶対温度が T_b のとき，つぎのように表されます。

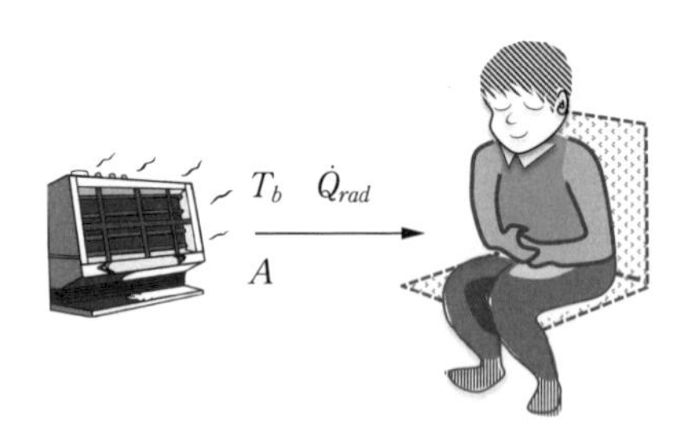

図 2.12　放射で熱量が伝わる

$$\dot{Q}_{rad} = \varepsilon \sigma A T_b^4 \text{〔W〕} \tag{2.7}$$

ここに，ε は表面の放射率であり，σ は**シュテファン・ボルツマン定数**（$= 5.67 \times 10^{-8}\,\mathrm{W/(m^2 \cdot K^4)}$）です。異なる物質に対する**放射率** ε を**表 2.2** に示します。

表 2.2　放　射　率

物　質	放射率 ε
アルミ箔	0.07
ステンレス研磨面	0.17
黒ペンキ	0.98
白ペンキ	0.90
アスファルト面	0.88
白い紙	0.94
人間の皮膚	0.95
木	0.87
土	0.94
水	0.96
植物	0.94

他の物体からの放射による入射熱エネルギーを着目する物体表面でどのくらい吸収できるかを**吸収率** α で表します。じつは，この吸収率は放射率と同じ値です。すなわち，熱放射がよい物体は熱吸収もよいということです。なお，吸収されなかった分である（$1-\alpha$）は反射率となります。

図 2.13 に示すように，ある物体とそれを囲む広い閉曲面との間の放射熱伝

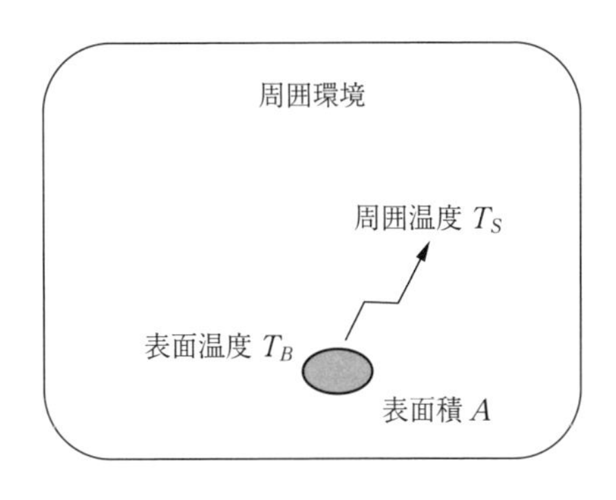

図 2.13　物体から広い空間への放射

達は式（2.8）で表されます。ただし，物体表面温度 T_B が周囲温度 T_S より高く，$\dot{Q}_{rad}$ は物体から放射される熱流速を表すものとすると，放熱量は

$$\dot{Q}_{rad} = \varepsilon\sigma A(T_B^4 - T_s^4)\ [\mathrm{W}] \tag{2.8}$$

と書けます。放射率が $\varepsilon = 1$ の物体を**黒体**（**完全放射体**）といい，熱や光を完全に吸収または放射できる理想的物体です。普通の物体は，$\varepsilon < 1$ です。ちなみに，放射率が高い値を示すのは黒色です。表面の色が黒い昆虫が多いのは放射，吸熱に都合がよいためでしょう。

例題 2.8　**放射で失う熱量**

気温が 20 ℃の室内にいる体温 36 ℃の人が放射によって失う単位時間当りの熱量を求めてみましょう。人の表面積を 1.3 m² とし，人の放射率を $\varepsilon = 0.95$ とします。

式（2.8）より，$\dot{Q}_{rad} = \varepsilon\sigma A(T_B^4 - T_s^4)$ と表されるので，問題で与えられたそれぞれの値をこれに代入すると

$$\dot{Q}_{rad} = \varepsilon\sigma A(T_B^4 - T_s^4) = 0.95 \times 5.67 \times 10^{-8} \times 1.3 \times [(273+36)^4 - (273+20)^4]$$
$$= 122.3\ \mathrm{W}$$

と求められる。つまり，1 秒間に 122.3 J の熱量を失うことがわかります。　◇

2.6　食品のもつエネルギー

食品に表示があるエネルギーの単位〔cal〕は 1 g の水を 1 ℃上昇させられる熱エネルギーの単位です。工学上の単位にするには式（2.2）より，1 cal = 4.2 J で換算します。実際にその食品を燃やしたときに出る熱量によって水を何度上昇させられるかによって求めます。しかし，いまではその食品を構成する炭水化物 1 g 当り 4 kcal，タンパク質 1 g 当り 4 kcal，脂質 1 g 当り 9 kcal という見積もりから求められます。例えば，いま筆者の手元にあるポテトチップスの容器の表示を見ると，100 g 当りタンパク質 7.3 g，脂質 29.3 g，炭水化物 58.0 g と書いてあります。また，熱量 525 kcal とも書いてあります。先ほどの分量から総熱量を求めてみると

$$(4\ \mathrm{kcal} \times 7.3\ \mathrm{g}) + (9\ \mathrm{kcal} \times 29.3\ \mathrm{g}) + (4\ \mathrm{kcal} \times 58\ \mathrm{g}) = 525\ \mathrm{kcal}$$

となり，総熱量の表示と一致します。なお，これをJの単位に換算すると，4.2倍すればよいので2 205 kJとなります。もしこれらが含まれていない食料であれば0 kcalという表示になります。例えば，水は0 kcalです。

さて，このポテトチップス100 gがもつエネルギーで1 liter（1 kg）20 ℃の水の温度を何℃上昇させられるか計算してみましょう。式（2.1）より

$$\Delta T = \frac{Q}{mc} = \frac{525\ \text{kcal}}{1\,000 \times 1} = 525\ ℃$$

と求まります。したがって

$$T_2 = 525 + 20 = 545\ ℃$$

となります。しかし，水は1気圧の標準状態では100 ℃で沸騰しますから100 ℃以上になることはありません。計算では単純に求められますが，実際になにが起こるのかという現象を知る必要があります。水が100 ℃になってもさらに加熱しつづけるとつぎのようなことを考慮する必要があります。まず，20 ℃から100 ℃になるのに要するエネルギーは式（2.1）より

$$1\,000 \times 1 \times (100 - 20) = 80\ \text{kcal}$$

です。ポテトチップス100 gがもっているエネルギーの内で残りの525－80＝445 kcalをなにに使うかというと，100 ℃の水から100 ℃の水蒸気に変えるのに使われます。このときの熱を蒸発潜熱といって水の場合2 258 kJ/kg（＝538 kcal/kg）です。したがって，1 kgの水を1 kgの水蒸気に変えるのに538 kcal必要なのですが，いま445 kcalしかありませんから，$1 \times \frac{445}{538} = 0.83$ kgの水が水蒸気に変わり，0.17 kgの水が水蒸気になりきらずに残るということになります。逆に，20 ℃だった1 liter（1 kg）の水を100 ℃にまで加熱して，さらにその水を全部蒸発させるのに必要なポテトチップスの量を求めてみましょう。そのために必要な熱量は

100 ℃にまで上昇させる熱量＋蒸発させるのに必要な熱量

$$= 80 + 538 = 618\ \text{kcal}$$

です。ポテトチップス100 gで525 kcalですから，618 kcalの熱量を得るのに

$$100\ \mathrm{g}\times\frac{618\ \mathrm{kcal}}{525\ \mathrm{kcal}}=118\ \mathrm{g}$$

と求めることができます。これだけのポテトチップスのもつ能力(エネルギー)が1 literの水をすべて蒸発させられるだけの能力をもっていると考えるとすごいですね。

例題 2.9　**チョコレートで山を登る**

ひとかけらのチョコレートがもつエネルギー30 kcal（＝126 kJ）を登山だけのために100％使えるとして，体重60 kgの人が登れる山の高さがどのくらいになるか計算してみましょう。体重60 kgの人を高さh〔m〕だけ持ち上げるのに必要な位置エネルギーは$mgh=60\times9.8\times h$です。ここで，$g=9.8\ \mathrm{m/s^2}$というのは地球が引張る重力加速度です。この位置エネルギーとチョコレートのエネルギーが一致するhを求めると

$$h=126\ \mathrm{kJ}/mg=\frac{126\times10^3}{60\times9.8}=214\ \mathrm{m}$$

になります。　◇

例題 2.10　**キャラメル1粒で体を温める**

キャラメル1粒60 kcalを食べて，このエネルギーで60 kgの体重の人を暖めたとすると，体温は何度上昇するか考えてみましょう。人の比熱を$c=1\ \mathrm{cal/g℃}$として計算してみます。式(2.1)より，$60\times10^3=60\times10^3\times1\times\Delta T$ですから，$\Delta T=1$℃と求まります。　◇

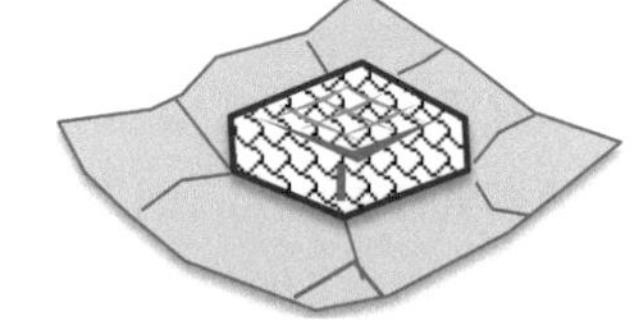

例題 2.11　**コーラを氷で冷やす**

180ミリlitlerのコーラを15℃から5℃まで冷やすのに0℃の氷がどのくらい必要か考えてみましょう。このとき0℃の氷を0℃の水にするのに必要な融解熱でコーラの温度を下げるとします。氷の質量をm，コーラの質量をm_c，密度を$\rho=1\,000\ \mathrm{kg/m^3}$，比熱を$c=4\,200\ \mathrm{J/(kg\cdot K)}$，融解熱$L_f=3.4\times10^5\ \mathrm{J/kg}$，$\Delta T$を温度差とすると

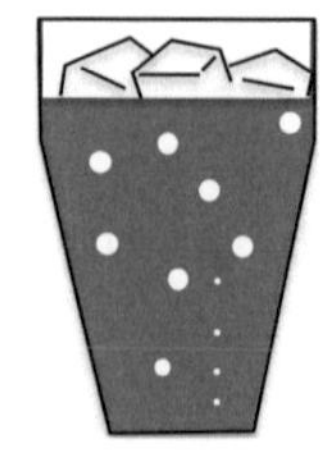

$$mL_v+m_c c(5-15)=0$$

より

$$m = 0.022\ \mathrm{kg}(=22\ \mathrm{g})$$

と求められます。 

例題 2.12　ポテトチップスのエネルギー

1 000 m の山を体重 60 kg の人が 5 時間かけて登ったとしましょう。山を登るのに必要なエネルギーは

$$mgh = 60 \times 9.8 \times 1\,000 = 588\ \mathrm{kJ}$$

です。これをカロリーに換算するために 4.2 で割ると，140 kcal となります。先ほどのポテトチップスを 27 g 食べればよいことがわかります。なお，この人のパワーは

$$\frac{60 \times 9.8 \times 1\,000}{5 \times 3\,600} = 33\ \mathrm{W}$$

と求められます。 

例題 2.13　カレーライスのパワー

体重 60 kg の人がカレーライスを食べて，建物の 4 階まで 20 m の高さの階段を 40 秒で駆け上がるときのパワーを求めてみましょう。

重力と反対方向に力（体重と同じ大きさ）をかけ，高さ $h=20$ m 上るのに作用した仕事 $W=mgh$ は

$$W = mgh = 60 \times 9.8 \times 20 = 11\,760\ \mathrm{J} = 2\,800\ \mathrm{cal}$$

です。かかった時間が 40 秒のなで，パワー（仕事率）P は

$$P = \frac{W}{40} = \frac{11\,760}{40} = 294\ W$$

1 PS = 735.5 W ですから，馬力に換算すると，0.4 PS となります。

さて，カレーライスのカロリーが 1 000 kcal = 4 200 kJ とすると，このうち，この仕事に使ったのは 11.76 kJ ですから，これはカレーライスがもっているエネルギーのわずか 0.28 %にしか過ぎません。また，体のエネルギー接取率が 30 %とすると，カレーから得られる有効エネルギーは 300 kcal = 1 260 kJ です。これを全部階段登りに投入した結果，仕事に 11.76 kJ 使ったとすると，この人の仕事効率は

$$\eta = \frac{11.76}{1260} = 0.009 = 0.9\ \%$$

ということになります。逆のいい方をすれば，0.9 %の仕事をするためにカレーから得られる有効エネルギーのうち 99.1 %を無駄に捨てたことになります。体内に蓄積

されていないとすれば，捨てたエネルギーはどこへ行ってしまったかといえば，大気中に熱量 Q_L として放熱したことになります。もし，大気の気温が 25 ℃（T = 273 + 25 = 298 K）であれば，大気という環境に対して

$$S=\frac{Q_L}{T}=\frac{1\,260-11.76}{298}=4.19\ \mathrm{kJ/K}$$

の影響を及ぼしたと表現します。この S をエントロピーと呼びます。エントロピーは熱量が温度で代表される環境に及ぼす影響を表しています。環境の状態を表す温度 T が分母にあるために，同じ 1 kJ のエネルギーを高温の環境に入れたときと低温

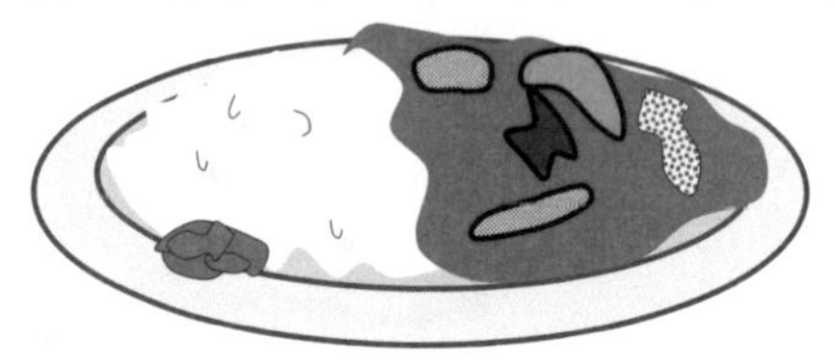

環境に入れたときとでは，エントロピーは低温環境（T の値が小さい）のほうが大きくなります。したがって，低熱源である環境にこのように熱量を捨てると環境のエントロピーが増大します。このことから，捨てるエネルギーを減らすことが環境への影響を少なくできることになることがわかります。効率は $\eta=(Q_H-Q_L)/Q_H$ で表されるので，捨てる Q_L を少なくすることは，効率を上げることと同義です。したがって，工学分野では効率を上げることに努力するのです。 ◇

2.7　梅雨前線の雨がもつエネルギー

降雨量 10 mm の雨が上空で形成される際にどのくらいの熱量が空気に放出されるか考えてみましょう。**図 2.14** に示すように水というのは「**水**」と呼ばれる液体の状態，「**氷**」と呼ばれる固体の状態，「**水蒸気**」と呼ばれる気体の状態があります。この中で気体から液体，すなわち水蒸気から液滴になるときを**液化**といいます。このとき，周囲に**凝縮潜熱**を放出します。逆に，液滴にこの凝縮潜熱分を加熱によって与えると，**気化**して水蒸気になります。このような変化を水滴

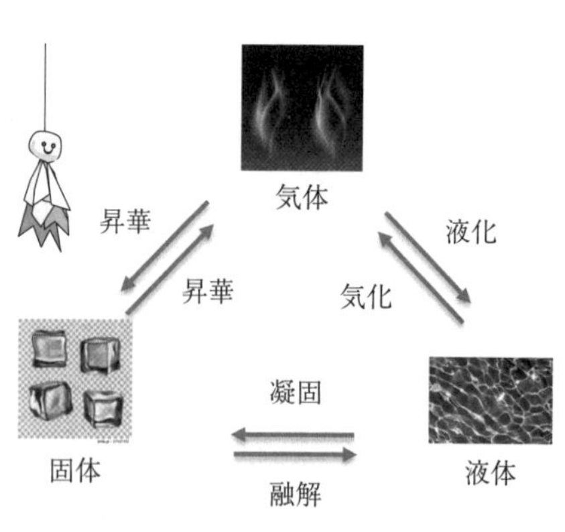

図 2.14　水の相変化

が熱をもらうので**吸熱**といいます。

さて，水蒸気から液滴つまり雨になるとき，凝縮潜熱が 2 258 kJ/kg ですから，1 kg 当り 2 258 kJ の熱量を周囲に放出します。また，10 mm の雨というのは 1 m^2 の容器にこの雨を貯めると 10 mm の深さとなるという意味です。1 mm の深さで 1 liter になりますから，10 mm だと 10 liter ということになります。1 liter の水の重さは 1 kg ですから，10 liter では 10 kg にもなります。10 mm の雨というとそれほど大したことないようなイメージですが，じつはすごい重さとなります。これが 10 m×10 m の面積 100 m^2 に降ればその面積に降った雨の重さは 1 t にもなるのです。さて，単位面積（1 m^2）当りに降る雨によって放出される熱量は

$$2\,258 \times 10 = 22\,580\ \text{kJ} = 22.6\ \text{MJ}$$

となります。これが 1 時間で放出されたとすると

$$22.6\ \text{MJ}/3\,600 = 278\ \text{W}$$

となります。これが広範囲に降るということになると，例えば 50 km×50 km の範囲であれば，つぎのようになります。

$$278 \times 50\,000 \times 50\,000 = 695 \times 10^9 = 695\ \text{GW}$$

集中豪雨によって，長さ 100 km，幅 50 km の範囲に雨を 500 mm 降らせたとしましょう。これを降らせた梅雨前線のもっているエネルギーはどのくらいか求めてみましょう。なお，水の密度を 1 000 kg/m^3，水蒸気から雨に変わるときの凝縮熱を 2 258 kJ/kg とします。

$$100 \times 10^3 \times 50 \times 10^3 \times 0.5 \times 1\,000 \times 2\,500 \times 10^3 = 6.3 \times 10^{18}\ \text{J}$$

となります。火力発電所が 20 万 kW の発電をしているとすると，上述の例で求めたエネルギーを発生させるのに必要な時間を求めてみましょう。

$$\frac{\dfrac{6.3 \times 10^8}{20 \times 10^9}}{3\,600 \times 24 \times 365} = 951\ 年$$

と求められます。雨が作られるときのエネルギーをクリーンな自然エネルギーとして有効に使えると災害防止にも役立ち，さらに潤沢な電力供給にもなりますね。

例題 2.14　**台風のエネルギー**

直径 100 km の範囲内に台風が 1 時間に 100 mm の雨を降らしたとしましょう。このことからこの台風の 1 時間当りのエネルギーがどのくらいか計算してみましょう。水蒸気が雨となるときの凝結熱は $L_v = 2.3 \times 10^6$ J/kg です。水の密度は $\rho = 1\,000$ kg/m^3 とします。まず，雨の質量は

$$1\,000 \times (100 \times 10^3/2)^2 \pi \times 100 \times 10^{-3} = 7.85 \times 10^{11}\ \text{kg}$$

です。雨となるときの凝結熱による熱エネルギーは $E = mL_v$ より

$$E = 7.85 \times 10^{11}\ \text{kg} \times 2.3 \times 10^6\ \text{J/kg} = 1.8 \times 10^{18}\ \text{J}$$

と求まります。　◇

台風のエネルギーはこのように水蒸気から雨に変わるときに放出される熱エネルギー（**図 2.15**）です。このため，台風が上陸すると，海水面からの水蒸気の補給が途絶えるために，すぐに勢力が衰えてしまいます。

降って貯まった雨がもつエネルギーを考えてみましょう。例えば黒部ダムの貯水量は 1.4 億立方メートル（1.4×10^8 m^3）で，落差 $H = 545$ m を使って発電します。発電量 $N = \rho g Q H$〔W〕で表されます。黒部ダムの最大発電量は $N = 335\,000$ kW とされていますから，逆算すると $Q = 62.7$ m^3/s の流量を使うことがわかります。溜まった水を約 26 日間（$= 1.4 \times 10^8/62.7/3\,600/24$）で使いきる流量です。一家庭での 1 日の平均電力使用量は 14 kWh ぐらい（総務省経済局統計データ日本の統計エネルギー白書 2017 より）です。1 日平均ですから 24 時間で割ると，0.6 kW が一家庭で 1 日に使う電力となります。した

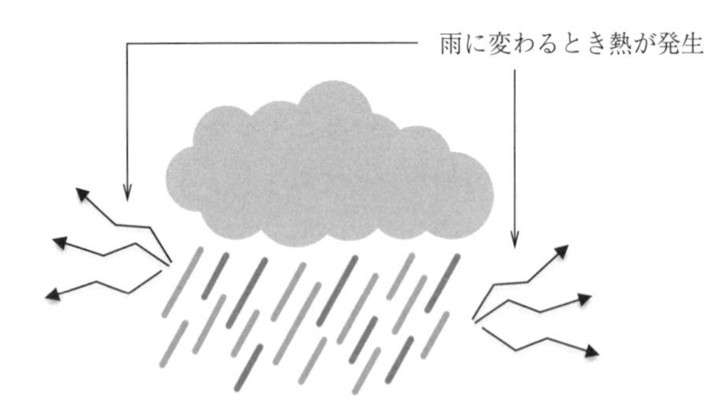

図 2.15　雨になるときの凝縮熱が台風のエネルギー源

がって，黒部ダムで発電した電力は，1 日に約 55.8 万戸の家庭に供給できる電力を作ることができることになります。それでも，日本全戸数が約 4 800 万戸ですから，約 1.16 %の家庭に供給できる電力に過ぎないのです。

2.8 日本の電力事情とこれから

さて，2014 年に日本で消費した電力は一般家庭で 986×10^{15} J(2.74×10^{11} kWh)，企業等で $2\,377\times10^{15}$ J（6.60×10^{11} kWh）の合計で $3\,363\times10^{15}$ J（9.34×10^{11} kWh）でした。これに対して，発電に投入した石炭，石油，天然ガスなどの総エネルギーは $E_t=8\,911\times10^{15}$ J（総務省経済局統計データ日本の統計 2017）で，使える電力として供給したのが $E_a=3\,722\times10^{15}$ J です。したがって，残りの $E_l=5\,189\times10^{15}$ J は損失として失ったことになりますから，日本全体での**発電効率** η は $\eta=(E_t-E_l)/E_t=0.42$ ということになります。発電方法と発電量の割合は水力発電 8.2 %，火力発電 90.7 %，風力発電 0.5 %，太陽光発電 0.4 %，地熱発電 0.2 %です（総務省経済局統計データ日本の統計 2017 より）。したがって，ほぼ火力発電で日本の電力を賄っていると考えてもよいでしょう。

将来の発電をどうすればよいのでしょう？　これだけ化石燃料に頼っていると，化石燃料がなくなったときのことも考えておかねばなりません。というのも，世界中がいまのペースで使い続けると石油・天然ガスは約 50 年後には採掘できなくなることが試算（BP 統計 2016）されています。このため，エネルギーを節約することと化石燃料を使わないことが考えられます。節約するには，1）電気を作る効率を上げる，2）電気を使う機器の消費電力を少なくする，ことです。化石燃料を使わないためには，3）代替燃料を開拓・開発する，4）再生可能エネルギーを使う，ことです。

エネルギー変換効率はつぎのように定義されます。

効率〔%〕＝機関によって得られる動力／入力燃料のエネルギー×100

発電効率は火力発電で 43 %，発電に使った燃焼ガスの排熱でさらに蒸気タービンで発電するコンバイドサイクル発電で 60 %，発電に使った排熱を熱源として暖房等に利用するコジェネレーションで 75 %，水力 90 %，風力 50 %，太陽光発電で 40 %，燃料電池で 70 %，などです。エネルギーを動力に変換する効率ではガソリンエンジンで 30 %，ディーゼルエンジンで 50 %，電気モータで 99 %，などです。太陽熱パネルで熱に変える効率は 85 %です。

家電品の消費電力を抑えたものの代表は LED 電球です。白熱電球 40 W のものと比較すると消費電力は 19 %，つまり約 1/5 ということになります。また，LED の寿命が白熱球と比べて約 40 倍長いというのもメリットでしょう。

代替エネルギーというのは化石燃料に代わるエネルギーのことで，バイオマス，太陽熱，雪氷熱，地熱，風力，太陽光，水力，波力，海洋の塩分濃度差および温度差の利用などです。これらは**再生可能エネルギー**とも呼ばれます。これらを利用するには，自然の変化，日中と夜間との太陽光利用変動を鑑みると小型で効率のよい蓄電池の開発が必須です。**図 2.16** に牧場とタイアップしたバイオマスエネルギーの活用例を示します。有機栽培された牧草を牛が食べ，その糞尿と家庭からの生ごみを用いてバイオガスとしてメタンガス（発熱量 23 000 kJ/m^3）を発生させます。それを用いて発電の重油，交通のガソリンなどの代替燃料として使います。メタン発酵施設からは農業用の液肥や，家畜用の飼料等もガス発生の副産物として産出されます。

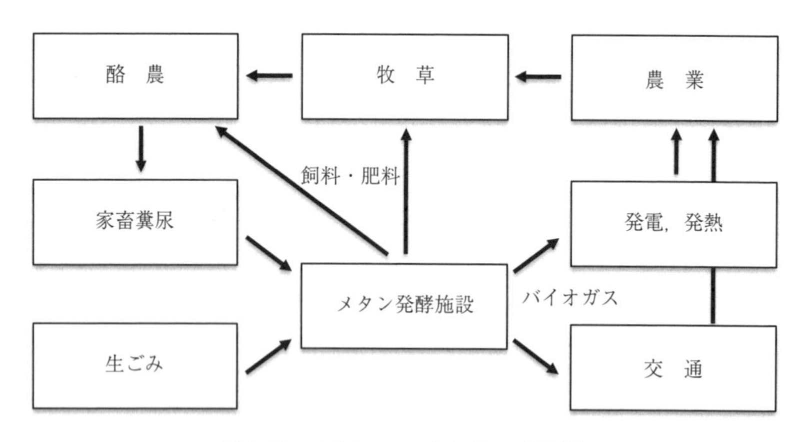

図 2.16　バイオマスエネルギーの活用例

3 水の利用

水は人間のみならず生物の体にとって重要なものです。また，生活する上でも水の流れを利用しています。その一方で，川の氾濫や津波といった水に関わる災害も多く，その対策も重要な課題です。本章では生活に密着する水の流れを取り上げ，うまく使う方法を考えていきます。

3.1 流れを表す二つの法則

3.1.1 質量保存則

川の流れを**図 3.1** に示すような，例えば水風船が川の流れとともに流されていく様子から考えてみましょう。

水風船が流れとともに動いていくので，川は流れているとわかります。ただ，まっすぐに流れるだけでなく，大きな石の下流側では水風船はくるくると回ってなかなかそこから出ていけません。でも，ある時，すーっと出ていきま

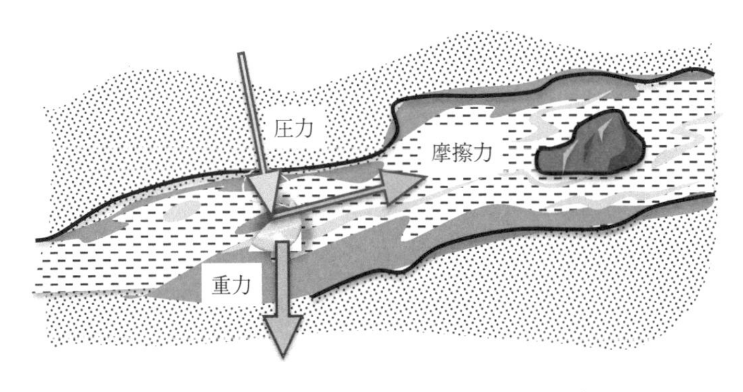

図 3.1 川の流れの中の水の入った風船の運動

す。水風船の動きはよく見ると複雑です。もし，この水風船の運動がその場の流れと完全に一致していると考えると，それぞれの場所での流れは複雑だということになります。水は透明で水中の複雑な流れを見ることができませんので，この水風船のような水の流れに追従して動くもの（これを**トレーサー**といいます）を流れに入れて観察します。このように流れを見えるようにすることを**流れの可視化**といいます。

この水風船には穴が開いておらず，中の水が漏れたり，外の水がこの中に入ったりすることはないとしましょう。そうするとこの中の水の質量は変わらないことになります。このことを**質量保存則**といいます。これが1番目の法則です。この水風船はぐにゃぐにゃで自由に形が変わるものだとします。体積を計算する都合上，簡単のために**図3.2**に示すように水風船が円柱形状をしているとしましょう。

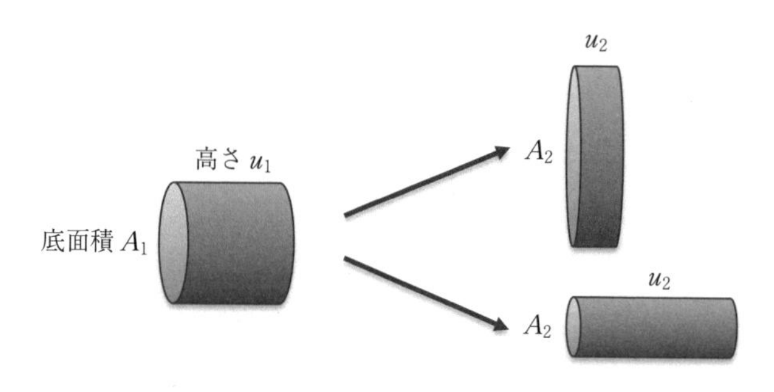

図3.2　同じ体積をもつ円柱に変形

円柱の体積は底面積×高さで表されますから，始めの状態における円柱の体積 V_1 は $V_1 = A_1 \times u_1$ です。ここで底面積を A〔m^2〕，高さを u〔m/s〕で表しています。単位を見るとわかるように高さを速度で表しています。この理由は，高さを1秒間当りに水が進む距離に置き換えているからです。そうすると，この体積の単位は〔m^3/s〕となります。これは1秒間当りの水の体積を表しますから，流れによってどのくらいの量の水が流れるかという**体積流量**を表すことになります。この体積流量に水の密度 ρ〔kg/m^3〕をかけると**質量流量** $\dot{m}$〔kg/s〕になります。水風船の質量は m で表されますが，これの頭に・

が付いているのは単位時間当りという意味です。または m の時間変化である時間微分 $\dot{m} = dm/dt$ を表します。単なる質量と質量流量ということを区別するための記号と思ってもよいです。体積流量に密度をかけると，質量流量は

$$\dot{m}_1 = \rho_1 A_1 u_1, \quad \dot{m}_2 = \rho_2 A_2 u_2$$

のように表せます。水の密度が流れている間変化しない（$\rho_1 = \rho_2$）とすると，質量保存則から，$\dot{m}_1 = \dot{m}_2$ ですから

$$A_1 u_1 = A_2 u_2 \tag{3.1}$$

となります。この式 (3.1) は水風船が移動中に変形しても体積は同じだということを表しています。これを**体積流量一定の法則**もしくは**連続の式**といっています。図 3.2 に戻ってこの関係をみてみると，始めの円柱が体積を一定に保ったまま変形すると，例えば底面積が大きくなると高さが小さくなり，逆に底面積が小さくなると高さは小さくなります。すなわち，底面積と高さは反比例の関係にあることが式 (3.1) からわかります。

例題 3.1 **チューブの中の水風船の変形**

図 3.3 に示す断面積が x 方向に変化するチューブの中にこの水風船を押し込むとどうなるか考えてみましょう。

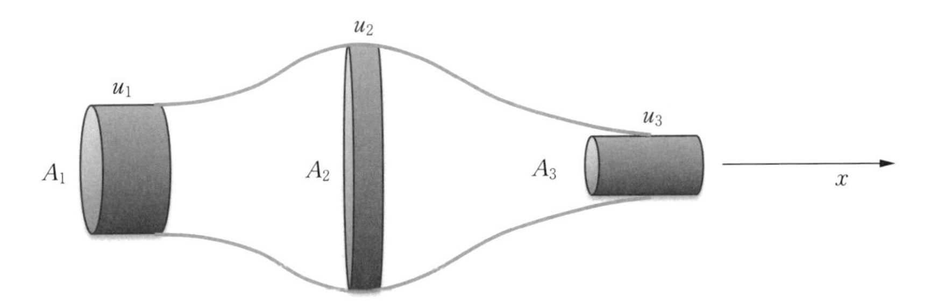

図 3.3 断面積が変化するチューブ内の流れ

式 (3.1) から各断面における体積流量が一定であることから，$A_1 u_1 = A_2 u_2 = A_3 u_3$ が成り立ちます。これより，速度の変化を見てみると

$$u_2 = \frac{A_1}{A_2} u_1, \quad u_3 = \frac{A_1}{A_3} u_1$$

となります。ここで，A_2 の断面は A_1 のものより大きく広がっていますから，$A_1/A_2<1$ です。したがって，u_2 は u_1 より遅くなることがわかります。また，A_3 の断面は A_1 のものより小さく狭まっていますから，$A_1/A_3>1$ です。したがって，u_3 は u_1 より速くなることがわかります。すなわち，チューブの断面積変化だけで流れは加速したり減速したりするのです。◇

例題 3.2　ホース内の流速

断面積が $0.002\,\mathrm{m}^2$ のホース内を流速 $0.6\,\mathrm{m/s}$ で水が流れています。このホースの先端に $0.001\,\mathrm{m}^2$ の断面積をもつ先細ノズルを取り付けると噴出する水流の速度はどのくらいになるのか計算してみましょう。

式 (3.1) より

$$u_2=\frac{A_1}{A_2}u_1=\frac{0.002}{0.001}\times 0.6=1.2\,\mathrm{m/s}$$

と求められます。断面積が半分になったので，流速が倍になりました。◇

3.1.2　エネルギー保存則

さて，この水風船はどうやって動いているのでしょうか？　水風船は自ら動けないので川の水が運んでいます。前述のチューブの中の水風船も周りの水が運んでいます。では，周りの水はどうして流れているのでしょうか？　これを知るために，この水風船の動きを調べることになります。この水風船はゴムでできているのではなく水風船の中身も表面も水でできていると想像してください。このため周囲の水とこの水風船とは区別が付きません。われわれがわかるように仮想の水風船を設定しただけです。川の流れを知るために，これをトレーサーとして使うわけです。これの運動はいままでの物体の運動を調べる方法とまったく同じです。つまり，水風船の運動はこれにかかる力のバランスによって決まるのです。したがって，運動方程式はニュートンの運動方程式である $ma=F$ です。ここで，m は質量，a は加速度です。これを流体に適用すると，m の代わりに単位体積当りの流体の質量は密度 ρ で表します。加速度というのは速度の時間変化です。水は固体と違って容易に入れ物の形に変形します。前述のように体積流量一定の法則（連続の式）から，断面積 A によって

速度 u が変化します。加速度は速度の変化のことですが，水の加速度は時間だけでなく場所によっても変化することを意味しています。つまり，速度 u は時間 t と位置（x）の関数であるといいます。したがって，水風船の加速度 $a=Du/Dt$ はつぎのように表されます。

$$\frac{Du}{Dt}=\frac{\partial u}{\partial t}+u\frac{\partial u}{\partial x} \tag{3.2}$$

右辺第1項は普通の加速度（速度の時間変化）です。右辺の第2項は速度の空間（x 方向）変化を表します。

水風船運動をつかさどる力 F とは何でしょうか？　それは，図3.1に示したように重力（体積力）W と水風船を変形させるのに作用する表面力である圧力による力 P と摩擦力 F_T です。図ではこれらの力のかかるところを区別しています。重力は体積全体にかかりますが，代表として重心に集中してかかっているとします。また，表面力は風船の表面にかかっています。したがって，力 F の中身は $F=W+P+F_T$ と表されますから，運動方程式は

$$\rho\frac{D_u}{D_t}=W+P+F_T \tag{3.3}$$

となります。圧力 p（垂直応力）は表面に直角に作用しているもので，**図3.4** に示すようにそれが作用している面積をかけることで力となります。前方と後方にかかる圧力による力の差が結果として P となるので，P は

$$P=pA-\left(p+\frac{dp}{dx}\right)A=-\frac{dp}{dx}A \tag{3.4}$$

と表されます。したがって，単位面積当り（$A=1$）で，単位体積当りの水の

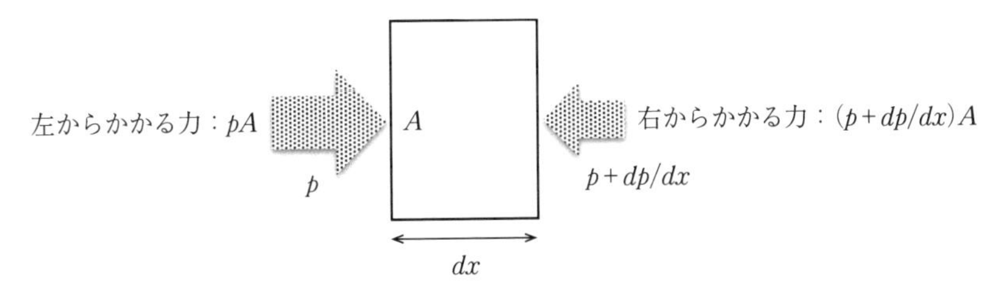

図3.4　圧力差が押す力となる

x 方向の運動方程式は式 (3.3) から

$$\frac{Du}{Dt} = W_x - \frac{1}{\rho}\frac{dp}{dx} + f_x \tag{3.5}$$

ここで，f_x は単位面積当りの摩擦力で x 方向の成分を表します。ちなみに，単位面積当りの摩擦力のことをせん断応力といいます。これが流体の運動を表すもので，**Navier–Stokes 方程式**（略して N–S 方程式）と呼ばれます。二次元の流れの N–S 方程式は速度の成分（u,v）を使ってつぎのように表されます。

$$\rho\left(\frac{\partial t}{\partial t} + u\frac{\partial u}{\partial x} + v\frac{\partial u}{\partial y}\right) = W_x - \frac{\partial p}{\partial x} + \mu\left(\frac{\partial^2 u}{\partial x^2} + \frac{\partial^2 u}{\partial y^2}\right)$$

$$\rho\left(\frac{\partial v}{\partial t} + u\frac{\partial v}{\partial x} + v\frac{\partial v}{\partial y}\right) = W_y - \frac{\partial p}{\partial x} + \mu\left(\frac{\partial^2 v}{\partial x^2} + \frac{\partial^2 v}{\partial y^2}\right) \tag{3.6}$$

ここに，μ は流体の粘性を表すものです。これが水風船の運動を支配するものです。流れの数値シミュレーションではもっぱらこの形の式を数値的に解いて流れ場の速度と圧力を求めます。

ところで，N–S 方程式は力のバランスを表すものですから，これに速度をかけると単位時間当りのエネルギーバランスを表すことができます。流体は摩擦力がかからない理想流体であるとし，さらに時間的に変化しない定常状態を扱うものとして，x 方向のエネルギーバランスを求めると，つぎのようになります。

$$\frac{1}{2}\rho u_1^2 + p_1 + \rho g h_1 = \frac{1}{2}\rho u_2^2 + p_2 + \rho g h_2 \tag{3.7}$$

ここに，h は基準面からの高さ〔m〕を表します。第 3 項の ρgh は重力の項から出てくるもので位置エネルギーを表します。なお，第 1 項の $1/2\rho u^2$ は N–S 方程式である式 (3.5) の慣性力から出てくるもので，運動エネルギーを表します。第 2 項の p は圧力による力の項から出てくるもので，外側から水風船になされる仕事を表します。この式を**ベルヌーイの式**と呼んでいます。なお，この式が表す単位は〔Pa〕（パスカル）です。つまり，現場で測りやすい圧力に換算して表しています。単位だけから見るとエネルギーの単位〔J＝Nm〕を体積〔m^3〕で割ったものに相当しますから，この方程式は単位体積の流体がもつエネルギーは，運動エネルギー，位置エネルギーと流体になされる仕事であること，そしてそれらの和は状態が変わっても等しいことを表しています。これが二つ目の法則である流体における**エネルギー保存則**を表しています。

例題 3.3　**高低差で流す**

ベルヌーイの式から（粘性が無視できる）流体を流すには，流体に仕事をする方法つまり圧力をかけて押して流す方法と，重力による位置エネルギーで流す方法の2通りの方法があることがわかります。**図 3.5** に示すように上部が開いたタンク内の水面から 1 m の深さの横壁に穴を開けた場合，水がどのくらいの流速で流れるか計算してみましょう。

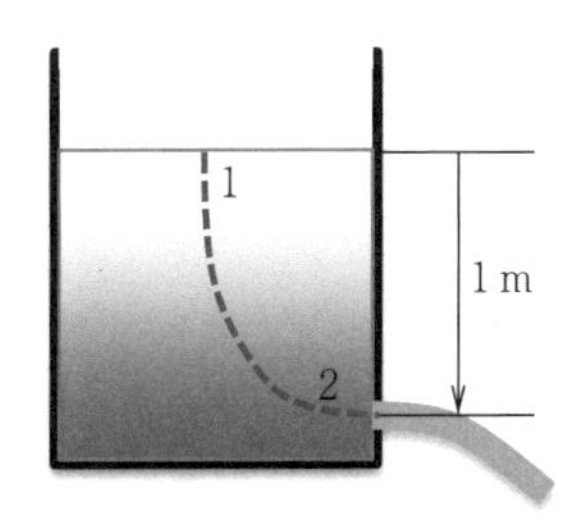

図 3.5　穴から噴き出す水

タンク水面から横壁に開けた穴まで1本の流線を想定します。水面の諸量には1を，穴の位置のものには2を付けて表します。1と2の位置においてベルヌーイの式を書くと式 (3.7) より

$$\frac{1}{2}\rho u_1^2 + p_1 + \rho g h_1 = \frac{1}{2}\rho u_2^2 + p_2 + \rho g h_2$$

と書けます。ここで，それぞれの位置での情報をこの式に代入します。まず，穴から水が噴き出しますから水面は当然下がっていきますが，ここではその下がる量は無視できる程度とします。したがって，$u_1 = 0$ です。また，p_1 と p_2 はともに大気に解放されていますので，大気圧とします。したがって，大気圧基準のゲージ圧では $p_1 = p_2 = 0$ です。また，題意から $h_1 - h_2 = 1$ m です。これらを上記ベルヌーイの式に代入すると

$$u_2 = \sqrt{2g(h_1 - h_2)} = 4.4 \text{ m/s}$$

と求められます。　◇

例題 3.4 タンクから水を流す

図 3.6 に示すように 50 cm 水を溜めたタンクの底に 1 m の長さのチューブを取り付け，チューブの先に付いているコックを開けて水を流した。タンクのフタは開いており，摩擦に伴う種々の損失を無視することとして，チューブの先から出る水の速さを求めてみましょう。

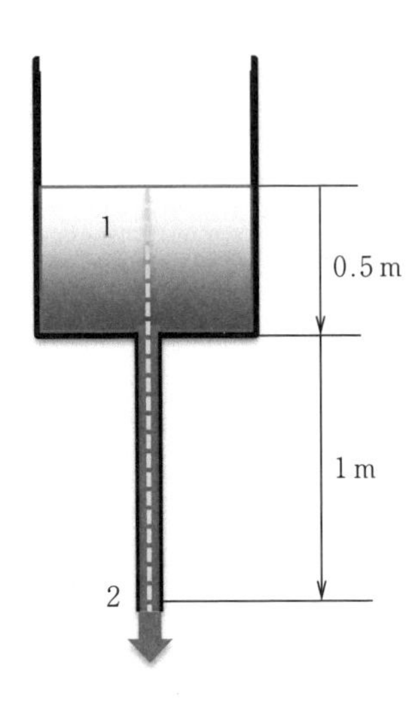

図 3.6　チューブの先端から噴き出す水

タンク水面からチューブの先まで 1 本の流線を想定します。水面の諸量には 1 を，チューブの先端位置のものには 2 を付けて表します。1 と 2 の位置においてベルヌーイの式を書くと式 (3.7) より

$$\frac{1}{2}\rho u_1^2 + p_1 + \rho g h_1 = \frac{1}{2}\rho u_2^2 + p_2 + \rho g h_2$$

と書けます。それぞれの位置での情報をこの式に代入します。まず，穴から水が噴き出しますから水面は当然下がっていきますが，ここではその下がる量は先の例題と同様に無視できる程度とします。したがって，$u_1=0$ です。また，p_1 と p_2 はともに大気に解放されていますので，大気圧とします。したがって，大気圧基準のゲージ圧では $p_1=p_2=0$ です。また，題意から $h_1-h_2=1.5$ m です。これらを上記ベルヌーイの式に代入すると

$$u_2 = \sqrt{2g(h_1-h_2)} = 5.4 \text{ m/s}$$

と求められます。 

例題 3.5 **サイフォンの原理でタンクから水を流す**

図 3.7 に示すように 50 cm 水を溜めたタンクに水をあらかじめ満たしたチューブを入れ，チューブの他方の先端を指でつまんだままにして水面から 1.5 m 下にあるようにします。チューブの先をつまんでいた指を離して水を流します。このやり方を**サイフォンの原理**といいます。タンクのフタは開いており，摩擦に伴う種々の損失を無視することとして，チューブの先から出る水の速さを求めてみましょう。

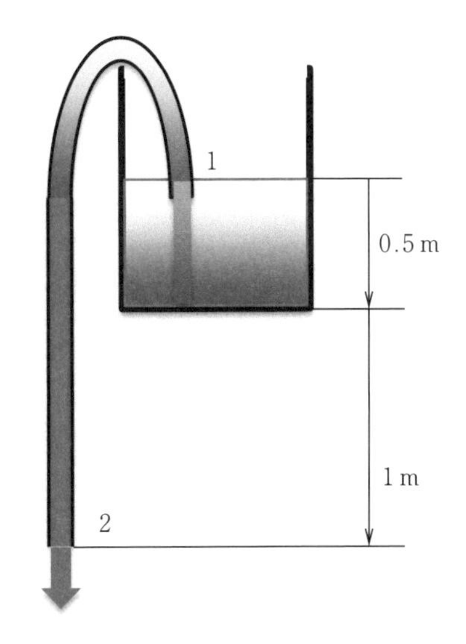

図 3.7 サイフォンの原理で水を流す

先の例題と同様にタンク水面からチューブの先まで 1 本の流線を想定します。水面の諸量には 1 を，チューブの先端位置のものには 2 を付けて表します。初めの状態と最後の状態だけが重要で，途中チューブが上がっていても関係なく，1 と 2 の位置においてベルヌーイの式を立てます。それぞれの位置での情報を先の例題と同様にこの式に代入します。結局，先端から出る水の速度は

$$u_2 = \sqrt{2g(h_1 - h_2)} = 5.4 \text{ m/s}$$

と求められます。なお，この流れを実現するには水の流れが途切れないようにするために，チューブ内に空気が入らないよう気を付けます。 ◇

例題 3.6 **走る車の押し込み圧力**

風がないとき，時速 100 km（$u = 28$ m/s）で走る車のフロントグリルではどのくらいの圧力上昇があるか考えてきましょう。

無風時に時速 100 km で走ると，止まった車に相対的に $u = 28\ \mathrm{m/s}$ で風が吹き付けると考えてもよいです。その様子を**図 3.8** に示します。フロントグリルに当たる風の流線を想定し，上流側の点に 1 を，フロントグリルの点を 2 と番号付けして区別するものとします。1 本の流線上の点 1 と 2 との間に成り立つベルヌーイの式は式 (3.7) とまったく同じです。それぞれの点での条件は，点 1 では $u_1 = 28\ \mathrm{m/s}$，$p_1 = 0\ \mathrm{Pa}$（大気圧基準で，$h_1 = 0.5\ \mathrm{m}$，点 2 では $u_2 = 0\ \mathrm{m/s}$，$p_2 = ?\ \mathrm{hPa}$，$h_2 = 0.5\ \mathrm{m}$ です。$u_2 = 0\ \mathrm{m/s}$ というのは風がフロントグリルに当たって流速 $0\ \mathrm{m/s}$ となることを想定しています。このような点を**よどみ点**といいます。また，その点の圧力 p_2 を**よどみ圧**といいます。h は地面から測った高さで，ここでは 50 cm としています。地面と並行に風が吹いてくるとして，点 1 と 2 では同じ高さと仮定します。また，空気の密度を $\rho = 1.2\ \mathrm{kg/m^3}$ とします。これらの値を式 (3.7) に代入すると結局

$$p_2 = \frac{1}{2}\rho u_1^2 + p_1 = \frac{1}{2} \times 1.2 \times 28^2 + 0 = 470\ \mathrm{Pa}$$

の上昇となります。水の入ったチューブ（**図 3.9**，U 字管）にこの圧力をつなぐと，46 mm の水面差を作ることができます。このように圧力を水の高さに換算して計ります。

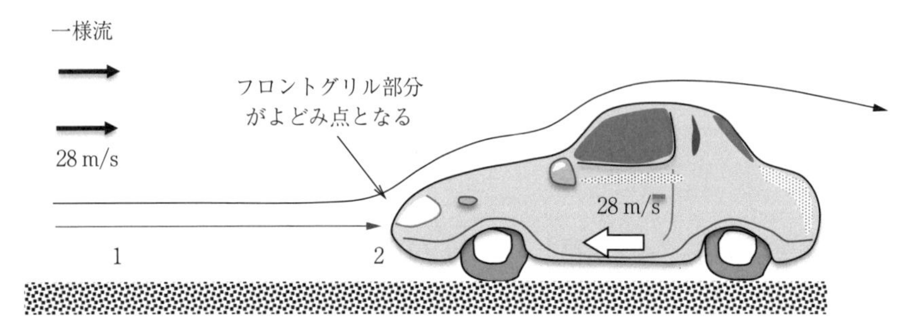

図 3.8　車のフロントに当たる風の圧力

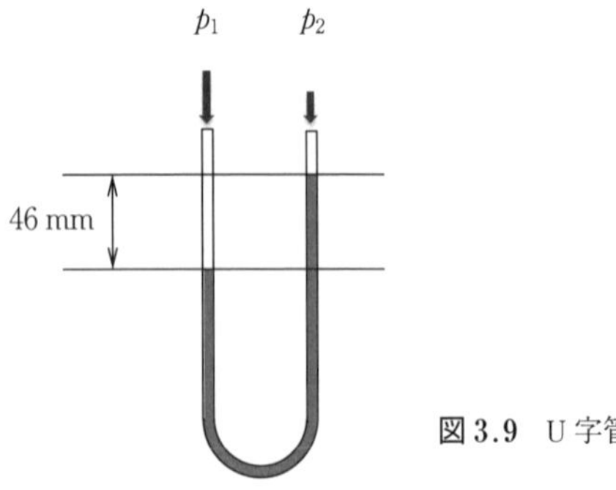

図 3.9　U 字管で圧力を水の高さに換算

◇

例題 3.7 **注射器で押し出す力**

注射器の筒の中の面積を A_p，押す力を F とすると，この断面にかける圧力 p は $p=F/A_p$ で表せます（**図 3.10**）。注射器から毎分 30 cc 送液するとすると，実際にどのくらいの力 F で，どのくらいの速度 u_1 で押せばよいか考えてみましょう。

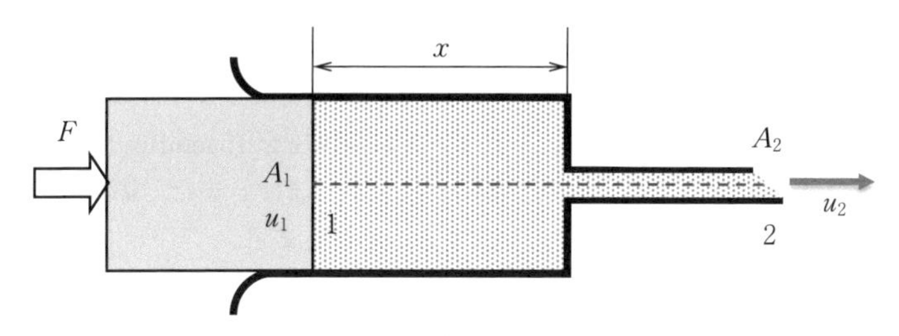

図 3.10 注射器のピストンを押す力

注射器のピストンの直径を 15 mm とし，針の内径を 1 mm とします。液体の密度は水と同じ $\rho=1\,000\ \mathrm{kg/m^3}$ とします。また，摩擦等の損失は無視できるものとします。

見やすいように単位を mm に合わせましょう。流量 Q は毎分 30 cc で

$$Q=30\ \mathrm{cm^3}/60\ \mathrm{sec}=500\ \mathrm{mm^3}/\mathrm{sec}$$

です。ピストンの断面積

$$A_1=\left(\frac{15}{2}\right)^2\pi=180\ \mathrm{mm}^2$$

で，針の穴の断面積は

$$A_2=\left(\frac{1}{2}\right)^2\pi=0.8\ \mathrm{mm}^2$$

となります。式 (3.1) の連続の式から，$A_1u_1=A_2u_2=\mathrm{Q}$ ですから，これより，各点の速度を求めると

$$u_1=\frac{Q}{A_1}=\frac{500}{180}=2.8\ \mathrm{mm/s}$$

$$u_2=\frac{Q}{A_2}=\frac{500}{0.8}=625\ \mathrm{mm/s}$$

と求まります。この注射器を水平にしてあるとすると式 (3.7) において $h_1=h_2$ です。また，p_2 は大気圧ですから大気基準で測ったゲージ圧では 0 です。したがって，これらの値をベルヌーイの式 (3.7) に代入すると

$$p_1=\frac{1}{2}\rho\left(u_2^2-u_1^2\right)=\frac{1}{2}\times1\,000\times10^{-9}\times(625^2-2.8^2)=1.95\times10^{-6}\ \mathrm{N/mm^2}$$

これに断面積 A_1 をかけると押す力 F が求まります。したがって，$F=p_1A_1=350\times10^{-6}$ N と求まります。この値は約 0.036 g の重りをこのピストンに載せたときのものとな

ります。意外と軽く押せばよいことがわかりますが，実際には摩擦損失による抵抗がかかりますから，これよりはもうちょっと大きな力が必要となります。◇

例題3.8 **点滴で腕に注入する**

点滴は，点滴用バッグと腕の高低差および大気圧と血圧との圧力差を利用して腕に栄養剤を送ります。**図3.11** の点滴用ポリエチレンの袋に入った栄養剤を腕の静脈に注入する際，この袋と腕との高さの差は最低どの程度にしなければならないか，ベルヌーイの式を使って考えてみましょう。なお静脈圧を15 mmHgとし，1気圧を1 013 hPa，栄養剤の密度を水と同じ1 000 kg/m^{3}とします。また，毎秒0.001 ccの液体を内径0.8 mmの点滴用注射針で注入することにします。

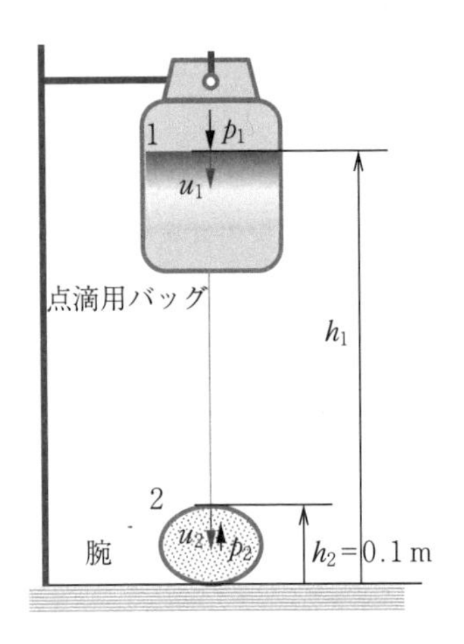

図3.11　点滴で腕に注入

ベルヌーイの式を図の1と2の位置で立てると式(3.7)となります。それぞれの点における条件は，点1では$u_1=0$ m/s，$p_1=0$ Pa（大気圧基準），$h_1=?$ m，点2では$p_2=15$ mmHg（=20 hPa），$h_2=0.1$ mです。また，u_2に関しては，注入量0.001 cc/sから

$$u_2=0.001\times10^{-6}\mathrm{m^3/s}\div\{(0.8\times10^{-3}/2)^2\times\pi\}=2\times10^{-3}\ \mathrm{m/s}$$

と求められます。これらの値をベルヌーイの式に代入すると

$$\rho g h_1=\frac{1}{2}\rho u_2^2+p_2+\rho g h_2$$

$$=\frac{1}{2}\times1\,000\times(2\times10^{-3})^2+20\times10^2+1\,000\times9.8\times0.1=2\,980$$

$$\therefore\quad h_1=\frac{2\,980}{\rho g}=\frac{2\,980}{1\,000\times9.8}=0.3\ \mathrm{m}$$

ポリエチレンの袋に入っているために，周囲の大気圧がいろいろな方向からこの袋の内部にかかっています。これがもし，変形しない容器であると，液体が出ていくと出ていった分内部の圧力が下がっていき，ある圧力で液体の流れを止めてしまいます。 ◇

例題 3.9 ストローでジュースを飲む

ストローでジュースを飲むとき，私たちは口の中を狭くした後広げることで気圧を下げ，無意識に大気との圧力差を付けて吸います（**図 3.12**）。直径 5 mm のストローでジュースを飲むために口の中を負圧にして 1 秒間に 10 ml（10×10^{-6} m^3）吸い上げることを考えてみましょう。なお，ジュースの密度は水と同じ $\rho=1\,000$ kg/m^3 としましょう。

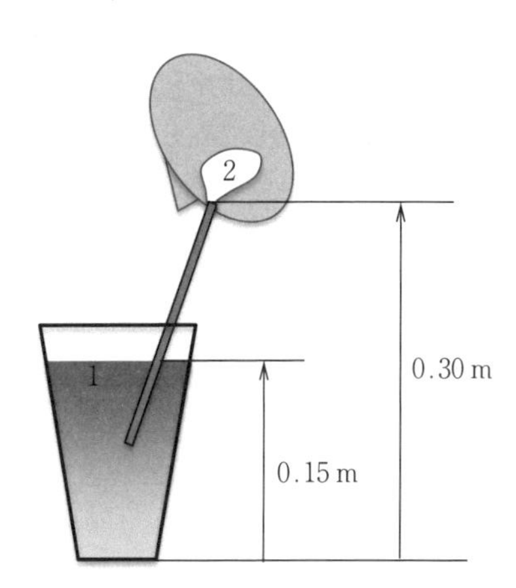

図 3.12 ストローでジュースを飲む

水面の 1 という点から口の中のストローの出口である点の 2 まで流線を想定し，その 2 点間で成り立つベルヌーイの式は式 (3.7) です。両点における条件は，点 1 では $u_1=0$ m/s，$p_1=0$ Pa（大気圧基準），$h_1=0.15$ m，点 2 では $p_2=?$ Pa，$h_2=0.30$ m です。u_2 に関しては，吸い込み量 10 ml/s から

$$u_2=10\times10^{-6}\ \mathrm{m^3/s}\div\{(5\times10^{-3}/2)^2\times\pi\}=0.5\ \mathrm{m/s}$$

と求められます。これらを式 (3.7) に代入すると

$$p_2=-\frac{1}{2}\rho u_2^2+\rho g(h_1-h_2)=-\frac{1}{2}\times1\,000\times0.5^2+1\,000\times9.8\times(0.15-0.3)$$

$$=-1\,595\ \mathrm{Pa}$$

と求められます。つまり，約 16 hPa だけ大気圧より下げれば，上記の条件でジュースが口の中に入ってきます。口の中の圧力を下げることにより大気がジュースの表

面を押してジュースを口まで押し込んでくれるのです。

柔らかい容器に入っていれば，口の中を負圧にしなくても，その容器を押して圧力を 16 hPa 上げれば上述と同じようにジュースが口に入ってきます。 ◇

例題 3.10 水道の蛇口をひねると水が出る

高さ×横幅×奥行きが 60 cm×150 cm×60 cm の浴槽に水をいっぱいに 10 分間で貯めたい。水道の蛇口の直径が 20 mm であるとき，条件に合うような流量を得るためにポンプの圧力がどのくらい必要か考えてみましょう。

まず，体積流量 Q を求めましょう。浴槽いっぱいの体積は与えられた寸法より 0.54 m^3 です。これを 10 分間でいっぱいにするのですから，1 秒当りに満たす体積は

$$Q = 0.54/(10\times 60) = 900\times 10^{-6}\ \mathrm{m^3/s}$$

です。1 秒間におよそ 1 liter のペットボトル 1 本分の量です。これを直径 20 mm の蛇口から出すので，断面積で割ると，0.72 m/s の流速となります。ポンプから蛇口に 1 本の流線を想定して，ポンプ側を 1，蛇口出口を 2 として，それらの間にベルヌーイの式 (3.7) を適用します。条件は点 1 では $u_1 = 0$ m/s，$p_1 = ?$ Pa，点 2 では $u_2 = 0.72$ m/s，$p_2 = 0$ Pa（大気圧）です。また，$h_1 = h_2$ です。これらを代入すると

$$p_1 = \frac{1}{2}\rho u_2^2 = \frac{1}{2}\times 1\,000\times 0.72^2 = 259\ \mathrm{Pa}$$

と求まります。ポンプのパワー L〔W〕は

$$L = \rho g Q H\ 〔\mathrm{W}〕 \qquad (3.8)$$

で求められます。ここに，H は総ヘッドといって，圧力を水柱の高さ〔m〕で表すものです。圧力が大気圧である 1 013 hPa で水柱は 10.33 m です。したがって，259 Pa では 0.026 m です。したがって，このとき，ポンプのパワーは

$$L = 1\,000\times 9.8\times 900\times 10^{-6}\times 0.026 = 0.23\ \mathrm{W}$$

と計算できます。 ◇

3.2　水の流れを作るポンプ

3.2.1　ポンプの種類とその使い方

〔1〕 熱帯魚観賞水槽用ポンプ

例えば，身近なところにあるポンプの一例として，熱帯魚水槽の水を循環させるポンプ（**図 3.13**）について見てみましょう。ポンプのスペックには流量 300 liter/h，消費電力 5 W，最大揚程 1.2 m というような表示が見られます。

図 3.13　観賞水槽用ポンプ

ポンプ流量とはこのポンプである時間でどのくらいの量の水を流せるのかという体積流量を表しています。工学的には単位は〔$\mathrm{m^3/s}$〕ですので

$$300\ \mathrm{liter/h} = 300\times10^{-3}\mathrm{m^3}\div3\,600\ \mathrm{s} = 80\times10^{-6}\mathrm{m^3/s}$$

となります。消費電力はこのポンプを動かすために必要なモータに与えるパワー（動力）L〔W〕です。先の例題において式 (3.8) で与えた関係はポンプが水に与えるパワーですから水の流量と圧力に比例します。このとき，圧力を水柱の高さで表します。その関係は $p=\rho gH$ ですから，$H=p/\rho g$ です。したがって，パワーは，$L=pQ$ とも書けます。このスペックではこの水柱の高さを揚程という言葉で表していますので，$H=1.2$ m です。これらでパワーを見積もると

$$L = 1\,000\times9.8\times80\times10^{-6}\times1.2 = 0.94\ \mathrm{W}$$

となります。モータに与えたパワーに対する出力であるポンプのパワーの比は，この機械の効率です。したがって

$$\text{効率}\ \eta = \text{出力}/\text{入力} = 0.94\ \mathrm{W}/5\ \mathrm{W} = 0.19$$

となり，与えた電力のうち 19 %がポンプの仕事に変換されたと考えることができます。そのほかの 81 %は熱となって周囲に逃げていってしまったわけです。

〔2〕 遠心ポンプ

ポンプの基本的構造として，**図 3.14** に示すようにケーシングの中に回転する羽根車とそれを回すモータからなります。

羽根車の回転によって水は周囲に飛ばされ運動エネルギーを得てケーシング内壁に沿って出口へ流れていきます。ケーシング内の流路が下流に向かって広

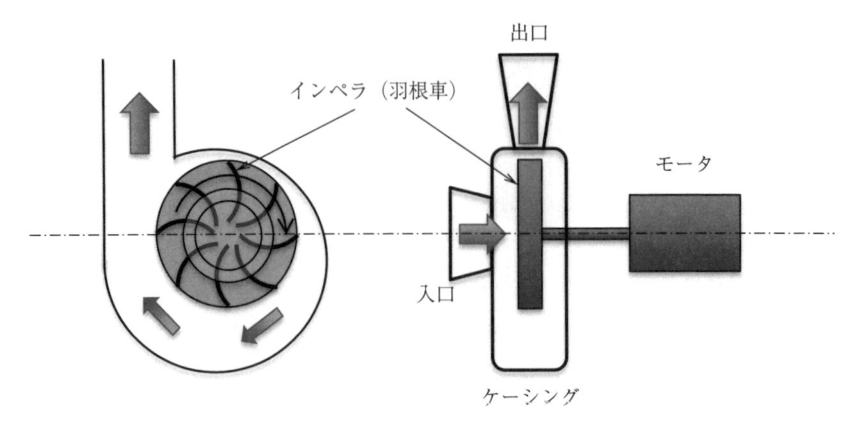

図 3.14　遠心ポンプ

がっているのは流速を下げその分圧力に変換するためです。それの元になるのが連続の式とベルヌーイの式です。出口に向かって流れた分を補うように中央入口から水を吸い込んできます。これが遠心ポンプの原理です。回転するインペラに沿って水がスムーズに流れるように設計するとポンプの効率が上がります。高い圧力を得るのに有効なポンプです。

〔3〕 軸流ポンプ

図 3.15 に示すように羽根を回転させる軸に沿って流れを作るポンプです。

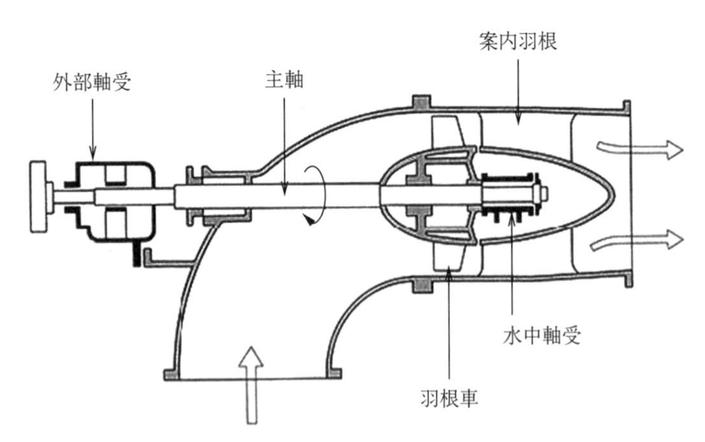

図 3.15　軸流ポンプ

羽根には翼型を使い，その揚力で流れにエネルギーを与えるタイプのポンプです。多くの流量を必要とするときに使用されます。

〔4〕 ピストンポンプ

昔，井戸から水をくみ上げるのに使われていた方式で，レバーの上げ下げでピストンを動かし，容積を変えることで吸い上げ，押し出しを同時にするものです（**図 3.16**）。このとき，内部の弁が水の移動を決めるのに重要な働きをします。注射器もピストンとシリンダからなっていますのでこのポンプに分類されます。

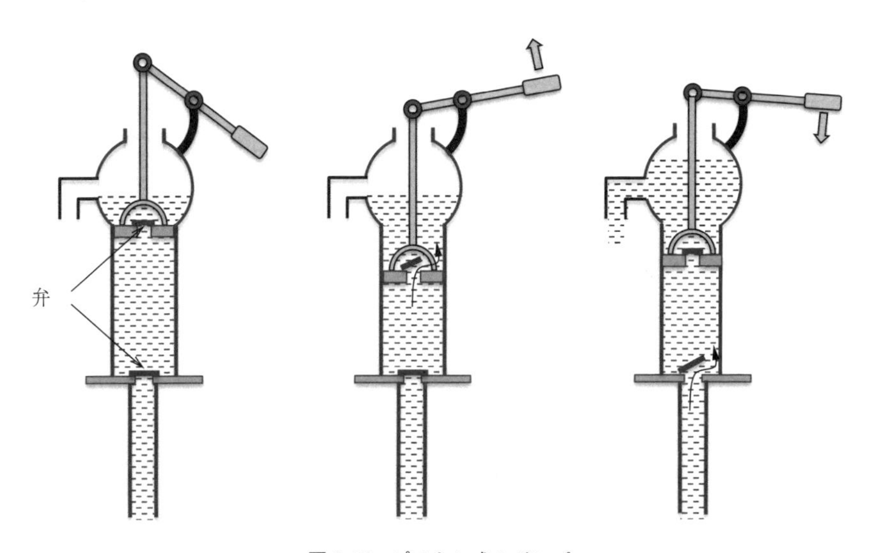

図 3.16 ピストン式のポンプ

〔5〕 ギヤポンプ（容積型）

パワーショベルなどに使われる油圧機器の油の移動に使われるポンプです。**図 3.17** に示すようにギヤ（歯車）の噛み合わせで中央部分は閉じられるので，ケーシングの内壁に沿って回ってきた流体は出口に押し出されます。流量はギヤの回転数によって制御しやすい利点があります。また，高い圧力を得ることができます。

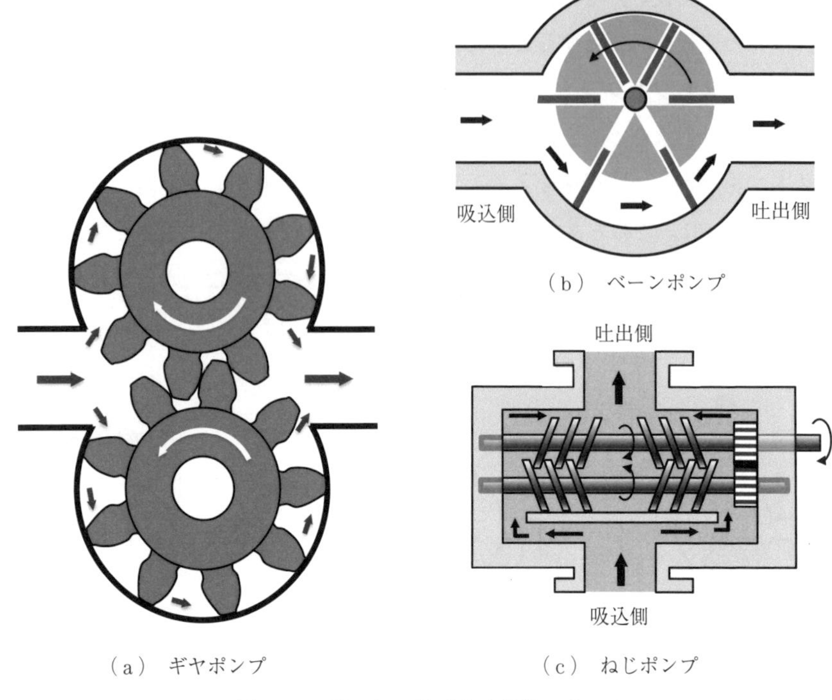

（a）ギヤポンプ　（b）ベーンポンプ　（c）ねじポンプ

図 3.17　ギヤポンプとそれと同様のポンプ

〔6〕 スクリューポンプ

水を揚げることもでき，また上流の水流で回し水車のようにも使えます（**図 3.18**）。また，水以外の固形物が含まれていても揚げられる利点があります。同種のものでモーノポンプというものもあります。ペースト状の食品，粘土などを押し出すのに使われます。

〔7〕 ダイヤフラムポンプ

図 3.19 に示すように，膜の振動やピストンの往復運動などで容積を変えて流体の流れを誘起し，弁で流体の出入りを制御するものです。容積変化とその振動回数で流量は見積もれますが，出力はその振動数で変動します。この脈動を利用して，埋め込み式の人工心臓に使われます。

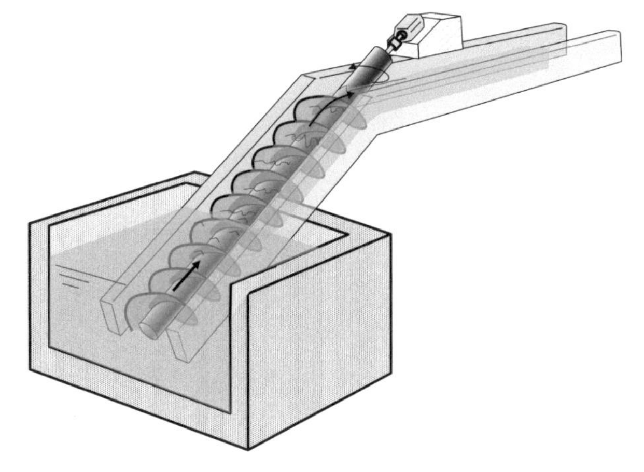

図 3.18 スクリューポンプ

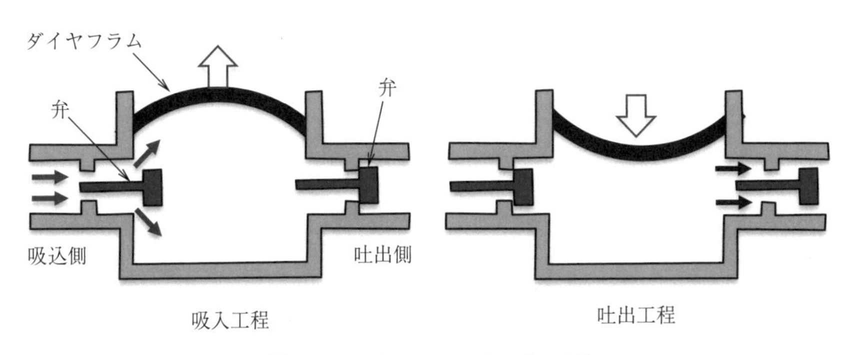

図 3.19 ダイヤフラムポンプの原理

3.2.2 上水場・下水処理場

水道の蛇口をひねると飲める水が出てきます。普段から普通に生活でこの水を使っていますが，地球の水循環の中でどのような位置づけにあるのかまずは見てみましょう。

図 3.20 に示すように，川の水から生活用の水を得ています。生活排水は下水処理場できれいにされた後，また川に戻されます。川の水は海に流れ，また川や海からは蒸発して雲となり，雨となってまた地上に降り，それが地下にしみて，あるところから湧き出して川となって戻ってきます。これが地球上の水循環です。この中で，山岳地，森や地面が川を作るのに重要です。

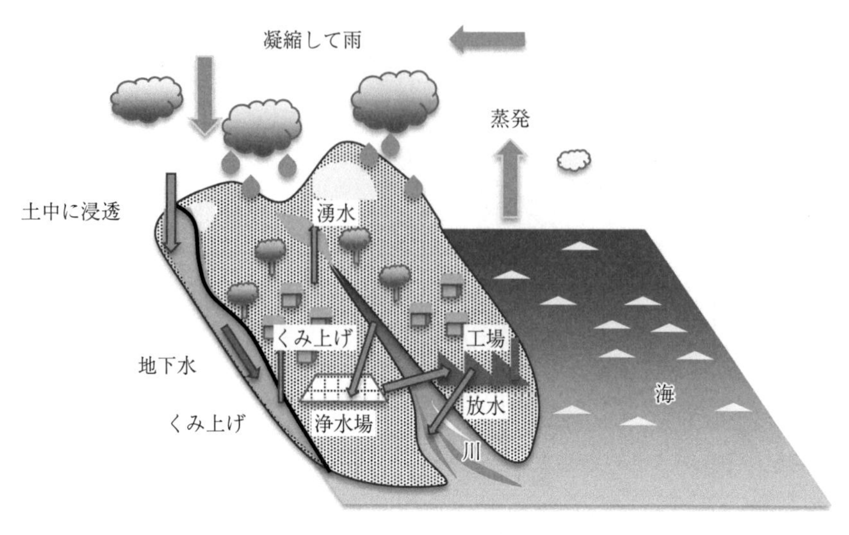

図 3.20　地球の水循環の中での生活水の確保

〔1〕 上　水　場

川の水から飲める水を作るところが上水場です。

図 3.21 に示すように，最初は川の水を取水塔で取り込みます。このときい

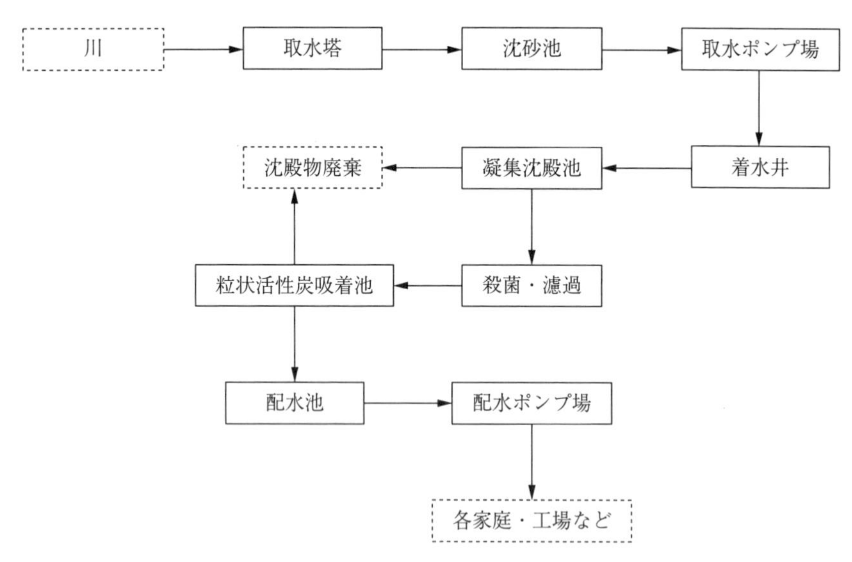

図 3.21　上水場から各家庭への配水までの過程

ろいろなものが川の水には含まれていますから大きなゴミを取り除いた後，落差（位置エネルギーの差）を利用して沈砂池に川の水を入れます。ここでさらにゴミや砂を取り除きます。この水はポンプを使って着水井に送られ水位を調整します。ここの水は水位差を使って凝集沈殿池に送られます。ここでは硫酸バンド（硫酸アルミニウム）を使ってゴミを凝集させ沈殿しやすくして細かな汚れを取り除きます。なお，取り除かれた沈殿物はコンクリートの材料として利用されます。沈殿物を取り除かれた水は，その後オゾンや濾過（ろか）装置，粒状活性炭および微生物を使って有機物の分解等をした後，塩素で消毒をします。この後，配水池に溜められた水をポンプで管の中に通して，各家庭へと送ります。マンションなど高層階に水が送られるようここにもポンプを設置して加圧します。このため蛇口のコックをひねると水が勢いよく出てきます。

〔2〕 **下水処理場**

各家庭や工場から出る下水は傾斜した流路を位置エネルギー差でポンプ場に流れていきます（**図 3.22**）。ポンプ場ではそれぞれの場所における下水の水位と差が付くようにポンプでくみ上げて制御しています。これだけではすべてに水位差を付けることが難しいのでマンホール内に水中ポンプ（スクリュー渦巻羽根タイプ）を設置してくみ上げ所々で水位差が付くようにしています。集められた下水は沈殿池で固形物やゴミを沈殿させ，水は反応槽やエアレーション槽でさらに微生物や化学物質を固形化させ最終沈殿槽でそれらを分離した後，川へ放流されます。

取り除かれたゴミや汚泥等は乾燥されて飼料や燃料になります。

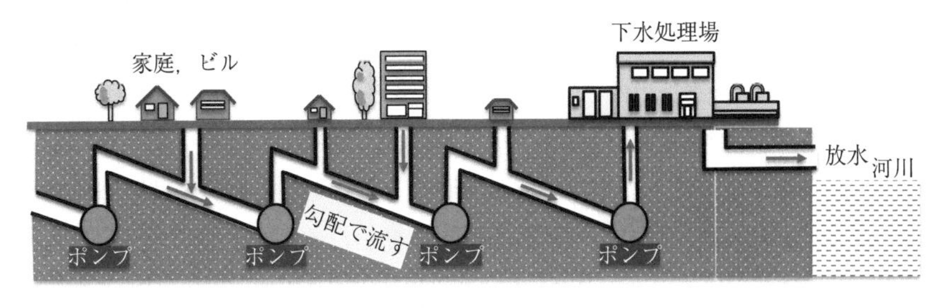

図 3.22　下水処理場へ集められる

例題 3.11 勾配で流路を流れる

傾斜が 1/100 あるときの流速を求めてみましょう。この傾斜の表示の意味は 100 m 進むと 1 m 下がるもしくは上がる角度という意味です。実際の角度でいうと $\tan^{-1}(1/100)=0.57°$ です。

図 3.23 に示すように，1 と 2 の位置でベルヌーイの式を立て，それぞれの位置での条件，点 1 では

$$u_1=0\ \mathrm{m/s},\ p_1=0\ \mathrm{Pa}\ (大気圧),\ h_1=10\ \mathrm{m}$$

点 2 では

$$u_2\mathrm{m/s},\ p_2=0\ \mathrm{Pa}\ (大気圧),\ h_2=9\ \mathrm{m}$$

です。これらを式 (3.7) に代入して

$$u_2=\sqrt{2g(h_2-h_1)}=\sqrt{2\times 9.8\times 1}=4.4\ \mathrm{m/s}$$

と求められます。

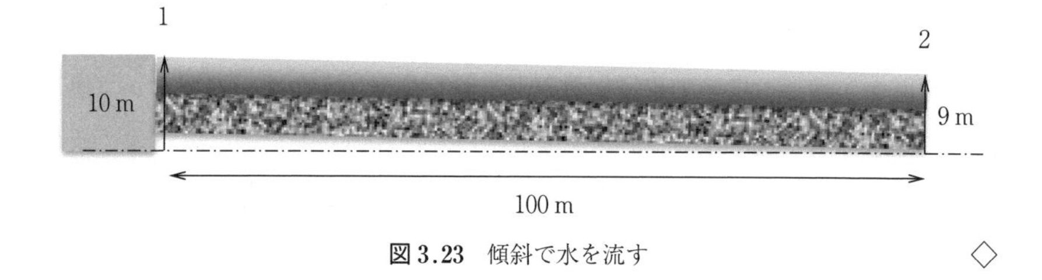

図 3.23　傾斜で水を流す　◇

3.3 水圧の怖さ

大雨で道路が冠水しているところに入って止まってしまっている車をニュースで見かけることがあります。私たちは普段，車のエンジンが燃料を燃焼させるのに空気を吸っていることを意識することがないので，水に浸かっても車は動くと思っているふしがあります。これが電気自動車になっても回路基板やモータが水に浸かれば，携帯電話を水に落とした経験がある人はすぐわかるように，動かなくなります。車はエンジンが止まると電動の窓の開け閉めもできなくなり，パワーステアリングのハンドルも動かなくなります。したがって，窓を開けて水から脱出することができなくなるので，専用のハンマーで窓ガラ

スを割る必要があります。このとき，ドアを開ければよいのではとだれしも思うかもしれませんが，水に浸かったドアがどれほど開けづらいのか，これから見てみましょう（**図 3.24**）。

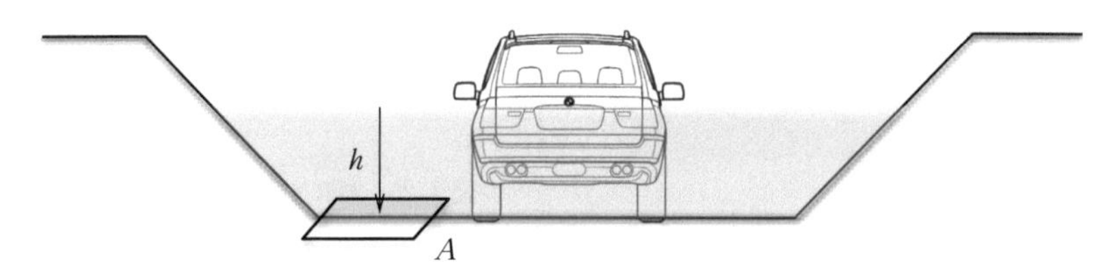

図 3.24　冠水した道路で止まった車

水の中では水の重さがあらゆる方向からかかります。単位面積当りにかかる水の重さを**静水圧**（単に**水圧**ともいう）と呼んでいます。水面からの深さを h〔m〕，水の密度を ρ〔kg/m^3〕で表すと，面積 A〔m^2〕に載っているその深さの水の重さは ρghA〔N〕となります。これを静水圧 p〔Pa〕に換算すると重さを面積で割ればよいので，$p=\rho gh$ となり，静水圧は深さに比例します。例えば，1 m の深さでは $p=1\,000\times9.8\times1=9\,800$ Pa となります。深さが 2 m となると，倍の 19 600 Pa です。大気圧の 1 013 hPa と同じとなる深さは

$$h=\frac{1\,013\times10^2}{9.8\times1\,000}=10.33\ \mathrm{m}$$

と求まります。つまり，約 10 m 潜ると 1 気圧の静水圧がかかります。これを水の重さに換算すると単位面積当りに 10 tonf の重さがかかることになります。1 m^2 当り 10 ton トラック一台分が載ったと思えば凄まじい重さです。これが 100 m ともなると 10 気圧（10 t トラック 10 台分/1 m^2）となります。

例題 3.12　垂直に立った壁の一部にかかる力

図 3.25 に示す面積 Am^2 の長方形の板にどのくらいの力がかかるのか見積もってみましょう。なお，板の上端の深さが h_1，下端の深さが h_2 にあるものとします。したがって奥行きの長さ L は $L=A/(h_2-h_1)$ です。

静水圧は図に示すように h_1 の深さから h_2 の深さまで直線的に増加します。全体にかかる力は y の深さにある微小面積 $dA=L\times dy$ 当りに $p=\rho gy$ が作用するとして y

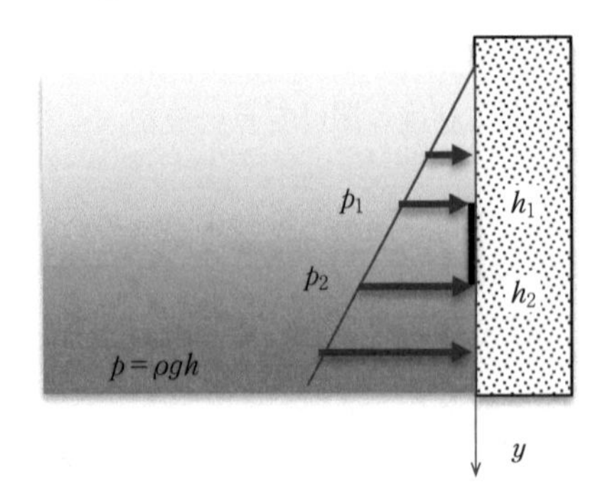

図 3.25　板にかかる水圧による力

$=h_1$ から h_2 まで積分することで求めることができます。この場合は p_1 を上底，p_2 を下底，高さを（h_1-h_2）とする台形ですから，台形の面積の公式からも求めることができます。それら両方を書くと静水圧による力 F は

$$F=\int_{h_1}^{h_2} p dA=\int_{h_1}^{h_2} \rho gyLdy=\frac{1}{2}(p_1+p_2)(h_2-h_1)L=\frac{1}{2}\rho gA(h_2+h_1)$$

これより，上端と下端にかかる静水圧の平均値が長方形の面積に作用すると読み替えられます。例えば，$h_1=1$ m，$h_2=2$ m，$A=1$ m^2 とすると，平均の静水圧 p は

$$p=\frac{(1+2)\times 1\,000\times 9.8}{2}=14\,700 \text{ Pa}$$

です。これが A の面積に作用するので，力 F は $F=14\,700\times 1=14\,700$ N となります。重りの重さに換算すると 1 500 kgf の重りが 1 m^2 の面積に載ったことと同じです。

図 3.24 に示した下半分が水没した車のドアに作用する力を見積もってみましょう。ここで，$h_1=0$ m，$h_2=1$ m，$A=1$ m^2 とすると，上述と同様に計算すると $F=4\,900$ N となり，500 kgf の重りが載っているのと同様の力が働くことがわかります。このため，普通の人ではドアを開けられなくなります。窓まで水没しているとすれば窓を割って水を車の中に入れ，ドアの内外の圧力差をなくせば，同じ水没をしていても開けることができます。　◇

例題 3.13　**地下街に水が入ってきたときのドアにかかる力**

集中豪雨などで地上の水が地下街に流れ込んできて膝下 50 cm の深さに水が貯まったとしましょう（**図 3.26**）。お店から脱出しようと締めたドアを開けるときにどのくらいの力がかかっているか見積もってみましょう。

前述の例題で見積もったときと同様に力を求めると

$$F=\frac{1}{2}\rho gA(h_2+h_1)=\frac{1}{2}\times 1\,000\times 9.8\times(0.5\times 1)\times(0.5+0)=1\,225 \text{ N}$$

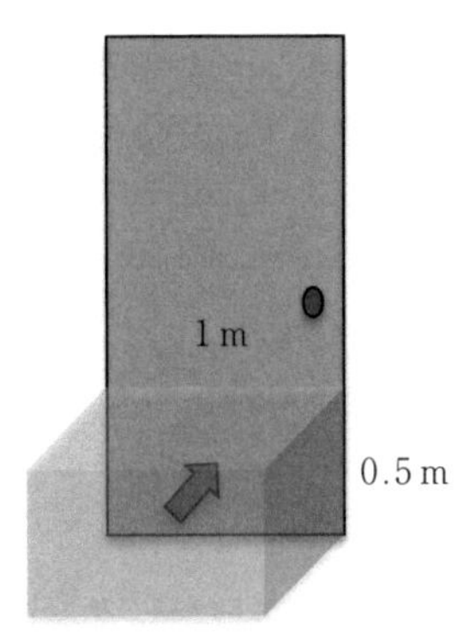

図 3.26　水で押されるドア

と求まります。重さに換算すると 125 kgf となりますので，重量挙げの選手ならなんとかなりそうです。たった 50 cm などと思わないで，早めにドアを開けて脱出しましょう。ちなみに，10 cm で 5 kgf，20 cm で 20 kgf，30 cm で 45 kgf，40 cm で 80 kgf と急激にかかる力が増えますから，自分で開けられる限界を知っておくとよいですね。　◇

3.4 浮　　力

水中にある物体にどのような力が働くのかを見てみましょう（**図 3.27**）。

水中にある直方体に作用する力として上面には h_1 の深さに相当する静水圧に下面の面積 A をかけた力 F_1 が作用し，同様に下面には F_2 が，側面には前項で見積もったような平均の力 F_S が作用します。作用している力を合計することによって全体としてこの物体にかかっている力を見積もることができま

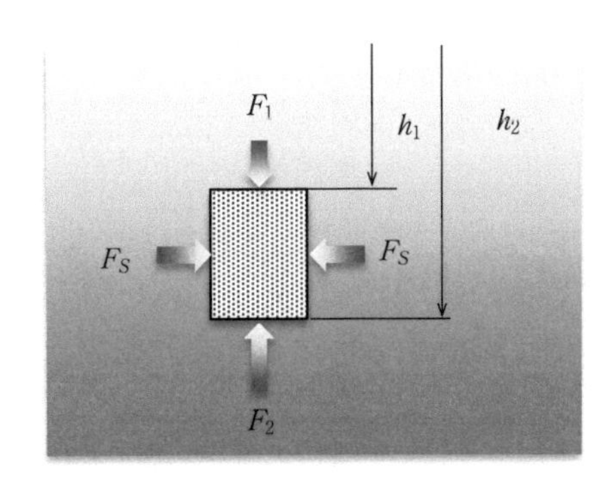

図 3.27　水中にある物体に作用する力

す。この場合，側面にかかる F_s は同じ大きさで向きが逆なのでキャンセルされ，水平方向には合力は0となります。上下の面では深さ分だけ下面のほうが大きいので，上向きに

$$F_2 - F_1 = \rho g A(h_2 - h_2)$$

の力が働きます。ここで，$A(h_2 - h_2)$ はこの直方体の体積 V ですから，結局上向きの力 B は

$$B = F_2 - F_1 = \rho g V$$

と書けます。つまり，この物体の体積分の水の重さに相当する鉛直上向きの力です。これを**浮力**と呼んでいます。

例題 3.14　水中に浮かぶボール

密度が一様な直径 $d = 100$ mm の球体が水中で静止しているとき（**図 3.28**），この重さを求めてみましょう。

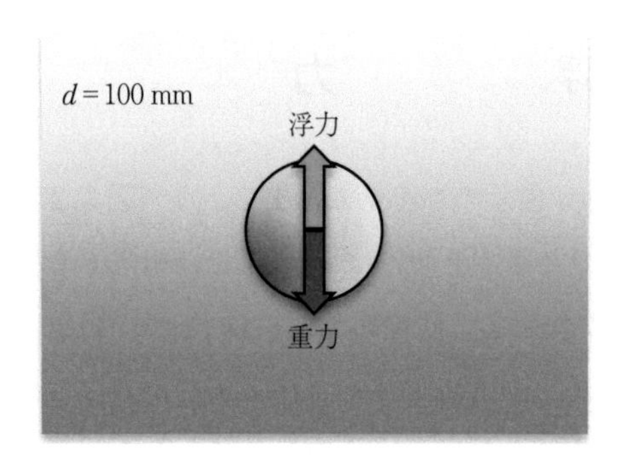

図 3.28　水中に浮かぶ球体

水中で浮かんで静止しているということは浮力 $B = \rho g V$ と重力 $W = mg$ が釣り合っていることを意味しています。また，この球体の体積 V は

$$V = \left(\frac{4}{3}\right)\pi\left(\frac{d}{2}\right)^3$$

です。したがって，$W = B$ より，

$$W = \rho g \times \left(\frac{4}{3}\right)\pi\left(\frac{d}{2}\right)^3 = 1\,000 \times 9.8 \times \left(\frac{4}{3}\right)\pi\left(\frac{0.1}{2}\right)^3 = 5.1\ \mathrm{N}$$

と求まります。重さに換算すると $g = 9.8$ で割ればよいので，0.52 kgf となり，520 g の球体であることがわかります。

なお，浮力は集中力（一本の矢印で表す）として水の中にある形状の図心に作用

すると見なせます。したがって，球体であれば球の中心に520 g の浮力が作用します。また，重さは重心に集中力として作用すると見なせます。水没している球体の場合は図心と重心は一致していますので，二つの力は球体の中心で釣り合っていると見なせます。したがって，合力は0ですから，最初止まっているものであればその後も動かずに静止したままとなります。◇

例題 3.15 水面に浮かぶ直方体

密度 ρ_b が一様な直方体が高さの1/3を水面に出して浮かんでいるときのことを考えましょう（**図 3.29**）。

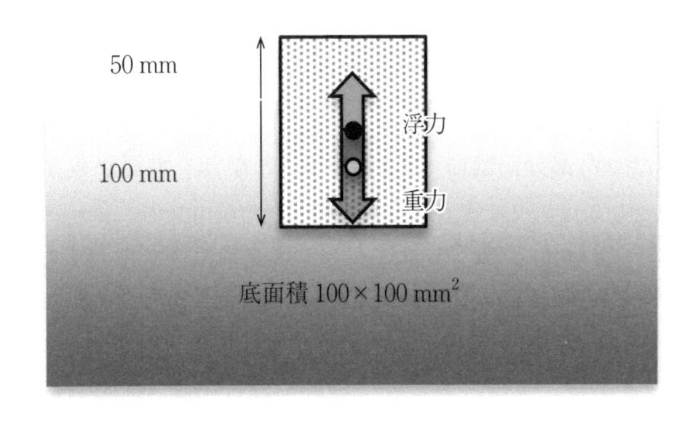

図 3.29 水面に高さの1/3を出して浮かぶ直方体

この直方体の体積は底面積×高さですから，

$$V = 0.1^2 \times 0.15 = 1.5 \times 10^{-3}\ \mathrm{m^3}$$

です。これに密度 ρ_b をかけるとこの物体の質量が求まりますので，重さ W は $\rho_b gV$ より，$W = \rho_b \times 9.8 \times 1.5 \times 10^{-3}$ N と表せます。この重さは底面から75 mm のところにある重心に作用しています。浮力 B は水没している体積に水の密度と重力加速度をかけたものになります。水没している体積は

$$0.1^2 \times 0.10 = 1.0 \times 10^{-3}\ \mathrm{m^3}$$

です。したがって，浮力は

$$B = 1\,000 \times 9.8 \times 1.0 \times 10^{-3} = 9.8\ \mathrm{N}$$

と求まります。これが水没してる部分の図心に作用します。この図心は底面から50 mm の高さのところにあります。水面に浮かんで静止しているということは重さと浮力が釣り合っていることを意味しています。したがって

$$W = \rho_b \times 9.8 \times 1.5 \times 10^{-3} = 9.8\ \mathrm{N}$$

より，ρ_b は

$$\rho_b = 667\ \mathrm{kg/m^3}$$

と求まります。つまりこの直方体は

$$比重=\frac{物体の密度}{水の密度}=\frac{667}{1\,000}=0.667$$

であることがわかります。したがって，水より軽いので浮きます。

なお，この場合，浮力が作用する点（水没している形の図心＝**浮力中心**と呼ぶ）は重心より下に位置しています。この場合，ちょっと傾いて水没した部分が台形となり浮力中心がいままでの位置よりずれたとします。これにより**図3.30**に示すように，浮力（上向きの矢印）の作用線が元の浮力中心と重心を結んだ線（浮揚軸）と交わる点（**メタセンター**と呼ぶ）が重心の下に来る場合には，元に戻ろうとする復元力が働かないのですぐ倒れてしまいます。これを**不安定**といいます。メタセンターが重心の上に来るような場合には，元に戻ろうとするモーメントが働き，これが復元力となり元の位置に戻ります。この状態を安定といいます。この直方体の場合は不安定なので，図に示すようにちょっと傾くとすぐ横に倒れてしまいます。倒れた状態の直方体はいままで側面だった部分が底面（0.1×0.15）となり，水面から33 mm出した状態で浮かびます。ただ，このときも重心は底面から50 mmの位置にあるのに対して浮力中心は底面から33 mmであり，依然として重心のほうが浮力中心より上方に位置するため，横倒しになっても依然不安定です。安定となるためには重心が浮力中心より下に位置することです。このことが船の設計に生かされます。

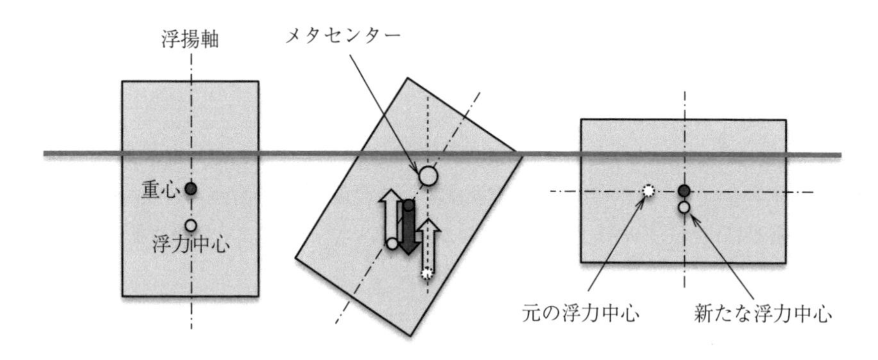

図3.30　重心，浮力中心，メタセンター　◇

3.5 水　の　力

川にかかる橋桁にはつねに流れが衝突しています。その結果橋桁を下流方向に押しているのですが，どのくらいの力で押すのか考えてみましょう。簡単のために，**図 3.31** に示すように流速 $u=2$ m/s の一様な流れの中に直径 1 m の円柱が立っているとしましょう。水深は 1 m とします。

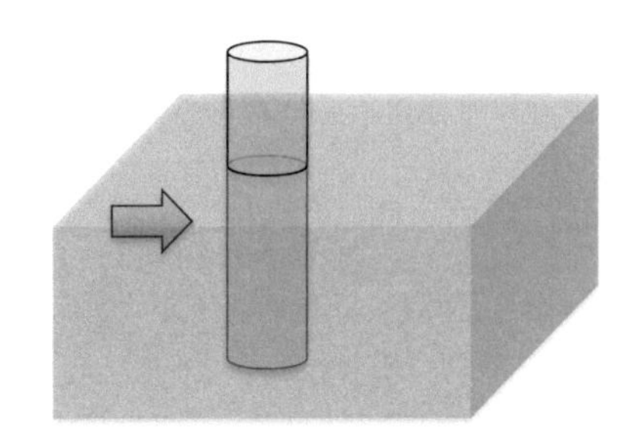

図 3.31　水流中に立つ円柱

上流に向かう面に流れが衝突するとベルヌーイの式からわかるように圧力が上がります。下流側の面は逆に圧力が下がります。この上流面と下流面にかかる圧力の差が流体抵抗 D〔N〕として下流方向に作用します。これを式で書くと，次式のように表されます。

$$D=C_D\frac{1}{2}\rho u^2A \tag{3.9}$$

ここに，C_D は抵抗係数といって，物体の形によって実験的に求められている抵抗係数です。円柱の場合は $C_D=1.2$ です。また，A は投影面積といって，上流側から見たときの物体の面積です。円柱の場合は高さ×直径で表される長方形の面積となります。式 (3.9) より，流れの中にある物体に作用する抵抗力は流速の 2 乗に，また，投影面積に比例します。

図 3.31 に示した状況で $C_D=1.2$，$u=2$ m/s，A＝1 m×1 m＝1 m^2，$\rho=1\,000$ kg/m^3 ですから，これらを式 (3.9) に代入すると

$$D=1.2\times0.5\times1\,000\times2^2\times1=2\,400\text{ N}$$

と求まります。重さに換算するために 9.8 m/s^2 でこれを割ると，245 kgf となります。つまり，245 kg の重りがぶら下がったのと同じ力がこの円柱にかかっていることになります。雨が降って水深が 2 倍になると，投影面積が倍になりますから力は 490 kgf，また，そのとき流速が倍になったとすると流速は二乗

でかかっていますから，力は一気に4倍となります。さらに前述のように水深の増加が重なると2倍×4倍で8倍の力である1 960 kgfにもなってしまいます。ものを設計するときにはこういった状況を考慮して，安全側で見積もらないといけません。このとき，「想定外」などということを言い訳としていわなくても済むよう，さまざまな状況を十分に考慮する必要があります。

例題 3.16　流れの中にある直方体にかかる力

上述の円柱の代わりに幅1 mの直方体だとどのくらいの力になるのか見積もってみましょう。

角柱の C_D は $C_D=2.0$ です。他の条件がすべて同じであれば，この抵抗係数の分だけが異なりますから，円柱の場合に比べ2.0/1.2=1.7倍大きな力となります。したがって，$D=2\,400\text{ N}\times1.7=4\,080\text{ N}$ と見積もれます。重さに換算すると416 kgfです。したがって，丸い柱ではなく四角い柱を使ったとするとこの橋桁はよけいに大きな力を受けることになります。もし同じ投影面積であれば抵抗係数の小さな形状を選ぶことが賢明です。

高さ10 mの津波が流速 $u=10\text{ m/s}$ で押し寄せたとします。また，四角い建物の幅が20 mであったとすると，これにどのくらいの力がかかったかを見積もってみましょう。抵抗係数 $C_D=2.0$，投影面積 $A=10\times20=200\text{ m}^2$ ですから，これらを式(3.9)に代入すると

$$D=2.0\times0.5\times1\,000\times10^2\times200=20\times10^6\text{ N}$$

となります。これを重さに換算すると，2 041 tとなります。約200台分の10 tトラックがぶら下がったのと同じ力です。建物の柱は上からの力に耐えるように設計されているのが普通です。横からの力がこれほどかかるとは予想しないで設計したとすると，たちまち壊れることになります。 ◇

例題 3.17　水流の力を利用する水車

流れの中に板を入れるとどのくらいの力を受けるのか見てみましょう。

例えば，幅0.4 m，高さ0.2 mの長方形の板が流速2 m/sにさらされた場合，$C_D=1.15$，$A=0.4\times0.2\text{ m}^2$ ですから，式(3.9)より

$$D=1.15\times0.5\times1\,000\times2^2\times(0.4\times0.2)=184\text{ N}$$

と求まります。これが長さ1 mの腕にこの板が付いているとすると，これ一枚で得られるトルクは $184\text{ N}\times1\text{ m}=184\text{ N}\cdot\text{m}$ となります。これを何枚か円周上に付けたも

のが**図 3.32** に示すような古来の水車です。力をもっと得ようとすれば抵抗係数の大きな形状の板を選ぶことです。なお，図には水車の利用の例として回転を杵の上下運動に変換して，容器内のものを潰す作業に使うものを示します。

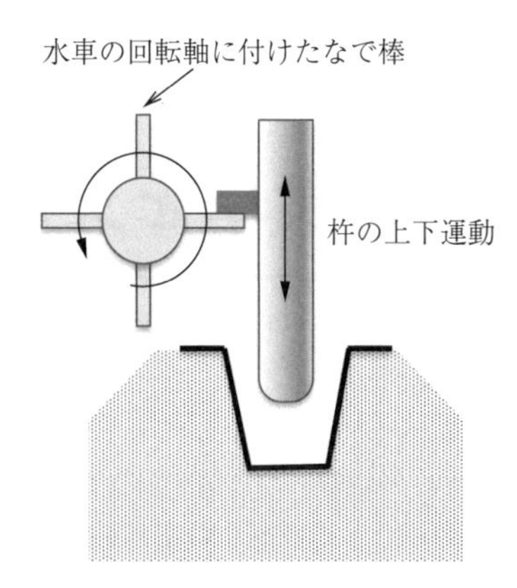

図 3.32　水車とその利用の例 

食卓を支える機械工学

食卓に並べられた料理ができるまでに，多くの工程を経ています。例えば，お店でジャガイモ，ニンジン，タマネギ，肉，香辛料，カレールーを買います。また，ペットボトルに入った水も買い，冷凍食品，レトルト食品も買ってきます。その際，プラスチックの買い物袋にそれらの材料を入れて持って帰ります。買ってきた野菜，肉などを包丁で切って，それらを鍋で煮て，香辛料，カレールーを入れてカレーを作ります。普段何気なく使ったり利用したりしているこれらのものの大半は，材料力学，塑性加工，伝熱工学，熱力学，流体工学，機械要素設計などの機械工学で作られています。それらを本章では見ていきましょう。

4.1　ペットボトルやプラスチックキャップの製造

ペットボトルを見てみましょう（**図 4.1**）。ボトル本体は PET，キャップやラベルはプラスチックと書かれています。PET はポリエチレンテレフタレートの頭文字を並べてペットと呼んでいます。PET はテレフタル酸とエチレングリコールで作られる飽和の熱可塑性ポリエステルで，衣料の繊維（フリースなど）としても使われます。透明性，強靭性，耐熱性に優れています。作る際に添加剤を必要としないので，安全性・衛生性が高いために，食品の容器のみならず，化粧品，合成洗剤の容器，医薬品の PTP（press through pack）包装としても使われます。また，加熱・冷却や延伸などの加工条件で結晶化を制御できるのでいろいろな用途のプラスチック製品を作ることができます。これと似た PE と書かれるポリエチレンがあります。ポリ袋，レジ袋，ゴミ袋，製品

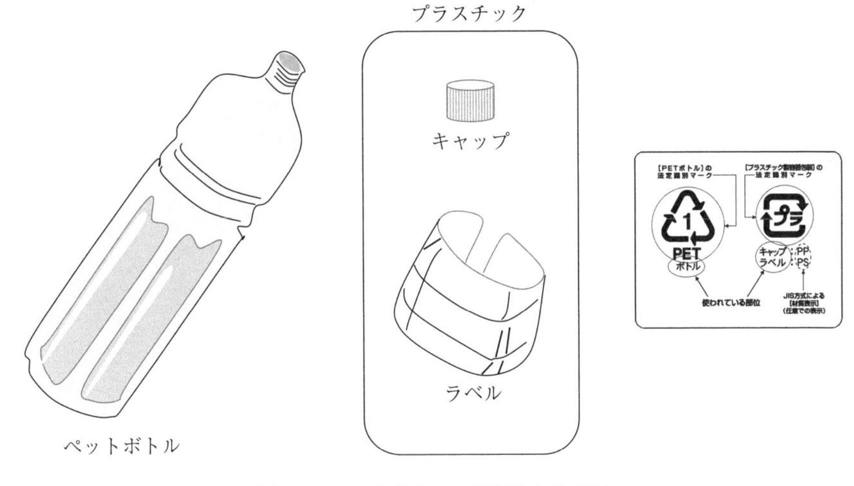

図 4.1　ペットボトルに記載される表示

の包装に使われるポリエチレンフィルムなどに使われるものです。化学的に安定で耐水性，耐薬品性，低温で成形できるなどの特徴があります。

これに対して，キャップやラベルにはプラスチックと書かれ PET と区別されています。PET もプラスチックの仲間ですが，プラスチックと書かれたものとの違いは，高温で熱したときどうなるかです。熱を加えると，PET は溶けて再度 PET の製品として再利用することが可能である（**熱可塑性**）のに対し，プラと書かれたものは固まって（**熱硬化性**）しまい，溶かすことができないものです。

リサイクルマークは再利用できるという意味ですが，矢印で囲まれた中の数字の 1 は PET の分類番号です。どのように再利用するか**図 4.2** で見てみましょう。回収されたペットボトルは粉砕されて細かな薄片（フレーク）にされ，溶かしたあと繊維にして衣類にされます。

プラスチックのリサイクルの方法として，1）**マテリアルリサイクル**，2）**ケミカルリサイクル**，3）**サーマルリサイクル**があります。マテリアルリサイクルに適しているのは PET ボトル，白色トレーなどの単一素材のものです。これらをフレークやペレット状にして加熱し溶かしてまた PET 素材の製品にし

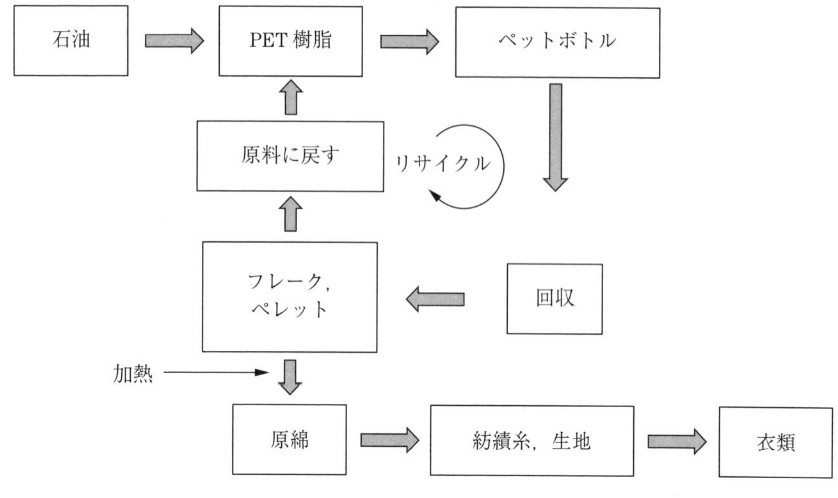

図 4.2　ペットボトルから衣類を作る工程

ます。ケミカルリサイクルでは，PET を化学分解した後また重合して PET を作ります。種類の異なるプラスチックが含まれる複合素材のものは化学工場や製鉄所で原料として用います。サーマルリサイクルでは，前のものと同様の複合素材，異物汚れのあるもの，木や紙などを含むものなどを燃やして熱回収し，エネルギーとして使うものです。サーマルリサイクル発電の例を**図 4.3** に

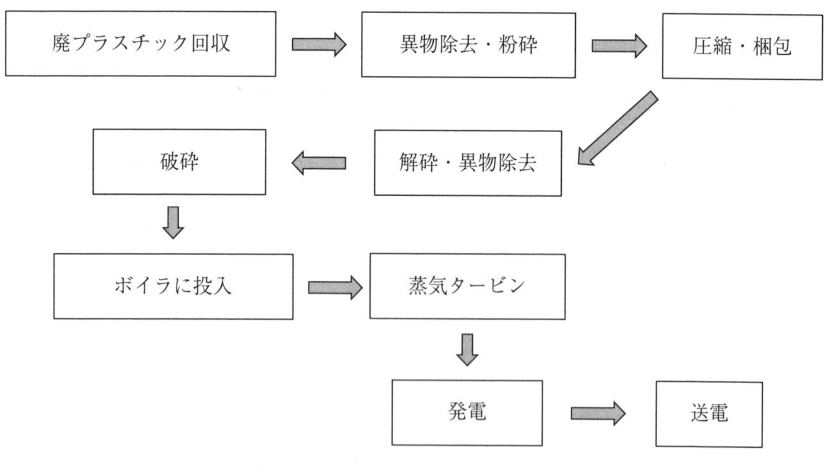

図 4.3　サーマルリサイクル発電の例

示します。発電効率はおよそ10％程度です。なお，リサイクルといっても廃プラスチックは元に戻らず熱エネルギー源として再利用するという意味です。

4.1.1　ペットボトル

ペットボトルは1）**プリフォーム成形工程**，2）**ブロー成形工程**の2工程を経て作られます。まず，1）の溶けた樹脂を試験管状のプリフォームに成形するには**インジェクション成形法**と**PCM**（preform compression molding）**成形法**の2種類があります。**図4.4**で見てみましょう。

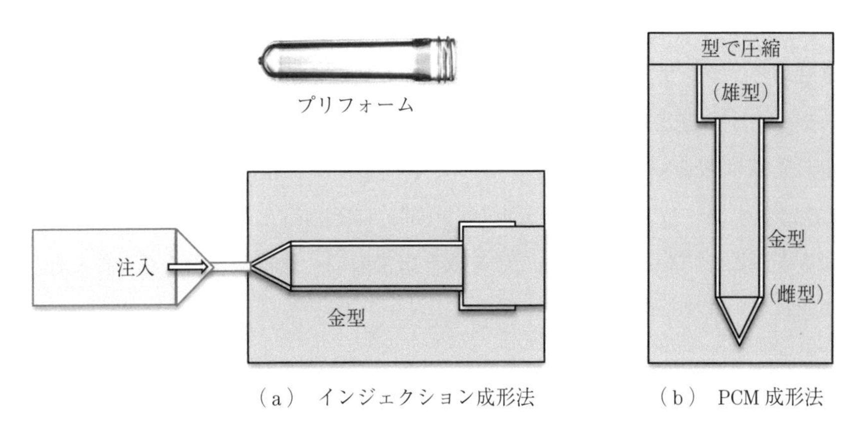

図4.4　ペットボトルのプリフォームとその成形方法

インジェクション成形法は溶けた高温の樹脂を高圧で金型内に注入し，その後冷却し，固めて取り出す方法です。PCM成形法は低温の樹脂ペレットを金型の雌型に入れ，その後雄型で圧縮して作ります。インジェクション成形より低温低圧で作れるので劣化を抑制できます。どちらの方法にしても，プリフォームができた後の後処理としてペットボトルの口になる部分だけ熱処理し結晶化させて硬くします。

二つ目の工程として，このプリフォームを加熱してペットボトルの金型に入れ，その中でプリフォーム内に空気を吹き込み膨らませてボトルに成形します。これをブロー成形といいます。

4.1.2 プラスチック

溶かしたプラスチックを金型に射出・成形という工程はPETの場合と同じです。例えば，プラスチックのキャップを作る際は内部に空洞を要しないので，キャップの形をした金型に流し込んで冷やした後，型を外せば取り出せます。作りたい形の金型に流し込む際にそこまで誘導する**ランナー**と呼ばれる小さな通路を通すことになります。ランナーにも樹脂が入ることになりますが，ランナー内の樹脂も固めて，つまり製品がランナーに付いたまま取り出す方法が**コールドランナー方式**といいます。ランナー内の樹脂は廃棄となるので無駄な部分となってしまいます。これに対して，溶けた樹脂を注入した後製品だけを冷却し，ランナー内の樹脂は高温のまま止めておいて，つぎに作るときにそれを注入する方式を**ホットランナー方式**といいます。それでもランナー内の樹脂の先端はちょっと温度が下がるのでその部分が製品に入らないように，**図4.5**に示すコールドスラグウェルという部分にその冷えた先端部分をそこに入れるようにしています。製品だけを取り出すので，連続してたくさん作るときに適しています。

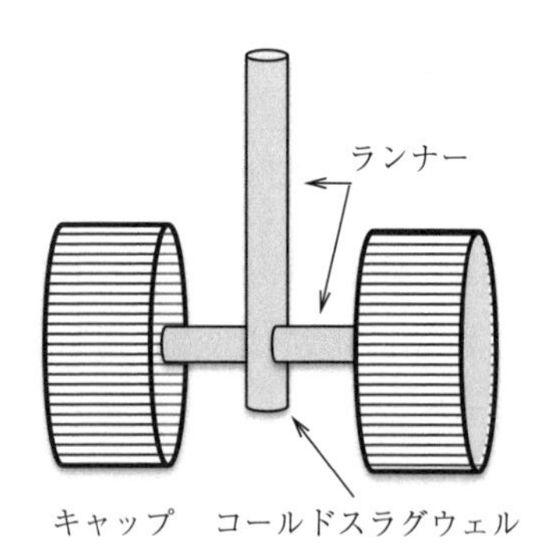

図4.5　キャップの金型

4.2 金 属 製 品

金属製品にはおもに鉄，アルミ，銅などが使われます。鉄の原料となる鉄鉱石は6割強をオーストラリアから，3割弱をブラジルから輸入しています。鉄鉱石の主成分は酸化鉄なので，これから純粋の鉄を取り出すために，高炉の中でコークスと石灰石とともに加熱され，還元反応によって酸素を取り除きます。できた鉄は**銑鉄**と呼ばれますが，不純物として含まれる炭素の量によって鋳物用，鋼用に分けます。アルミはアルミの原料であるボーキサイトをおもにオーストラリア，中国から輸入しています。銅鉱石は約半分の割合をチリから輸入しています。

4.2.1 鋳　鉄

溶けた鉄を砂で作った鋳型に流し込んで製品（鋳物）を作るには**鋳鉄**を使います。炭素を多く含むので融点が低く，そのため溶かしやすいので鋳型に流し込んで鋳鉄製品（**図 4.6**）を作るのに適しています。身近なものではマンホールの蓋，鉄の急須，鍋などがあります。車のエンジンや配管などにも使われます。特徴としては加工しやすく，振動の吸収が良い，などの特徴があります。一方，脆い面もあり落とすと割れることもあります。

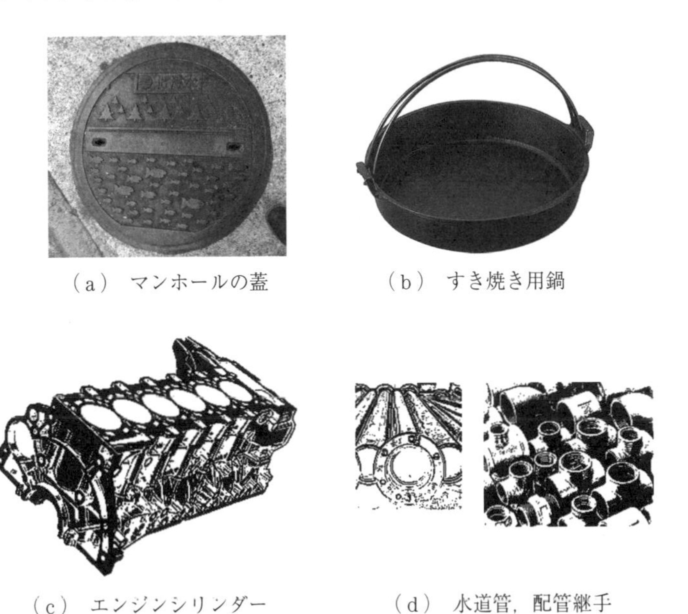

（a） マンホールの蓋　（b） すき焼き用鍋

（c） エンジンシリンダー　（d） 水道管，配管継手

図 4.6 鋳 鉄 製 品

4.2.2 鋼　　鉄

鋼鉄は，含まれる炭素が少なく，強靭で可塑性もよく叩いて成形（鍛造）し，曲げたり，伸ばしたりして成形でき加工性がよい鉄です。このため多くの部分で使われます。ちなみに，ステンレス鋼と呼ばれるものは錆びにくくするためにクロムやニッケルを鋼に添加したものです。クロムとニッケルを含むものにSUS300番台の名前が付けられています。一般的に高級ステンレスです。台所のバットや高級スプーンなどに使われます。これは磁性がないので，電磁調理器（IH調理器）には不向きです。これに対して，ニッケルを含まないものはSUS400番台の番号が付けられています。これは磁性があり電磁調理器で使えます。流し台などにも使われています。ちなみに，電磁調理器はコイルに磁石を近づけたり離したりすることで誘導起電力を発生する原理を使います。底の平らな磁性体の鍋を近づけたり離したりできないので，交流電流の変化で鍋底を貫く磁束を変化させ渦電流を流し，鍋の電気抵抗から発するジュール熱を使って鍋を加熱するものです。

さて，鋼の加工方法の一つに，**鍛造**があります。加熱された鉄をハンマー等で叩いて，内部の空洞を潰し結晶を微細化および方向性を整え強度を高めます。おもに包丁や鎌，ハサミなど刃物類の製造に使われます。刃の部分には**焼き入れ**と呼ばれる高温から急冷させる熱処理が施され強度がさらに高められます。包丁などはよく切れるように最後の行程として研がれます。

その他の加工法として，凸型と凹型の二つで金属板を挟んで成形する**プレス加工**があります。車のボディーや缶類を作る際に用いられます。板金の加工として，絞り加工があります。型に板を「へら」で押し付け絞り込んで成形します。金属板をせん断加工，ガス切断などでいくつかのパーツにし，それぞれを溶接で付けて形作る方法があります。大きな船を作るときも板を溶接で貼り合わせていきます。

図4.7に示すナイフ，スプーン，フォークなどのカトラリーは金属板から部品をくり抜き（地抜），削りや磨きを施して作り上げます。さらにメッキをする場合もあります。

図 4.7　カトラリー

4.2.3 アルミニウム

アルミニウムの原料はボーキサイトと呼ばれる鉱石です。これを苛性ソーダ（水酸化ナトリウム）で溶かしてアルミナを抽出します。これを電気分解してアルミニウム地金を作ります。これを圧延，押出，鍛造，鋳造などの加工を行って製品にします。

アルミニウムに銅とマグネシウム，マンガンなどを添加すると**ジュラルミン**と呼ばれる合金ができます。軽量で強度が高く加工性も優れています。航空機や，身近なところではジュラルミンケースに使われています。

身近なアルミ製品としてはアルミホイル，お弁当に入っているヒダヒダのあるおかずを入れるホイルケースなどがあります（**図 4.8**）。また，熱伝導性が高いので冷やすのに向いているためにビールや清涼飲料水のアルミ缶に使用されます。紫外線，赤外性を通さず，また水分やガスの非通気性にも優れているのでお菓子・乳製品の包装，紙パックの内側に貼られています。金属製のバットにも使われています。なお，アルミニウムはリサイクルしやすい材料でもあります。

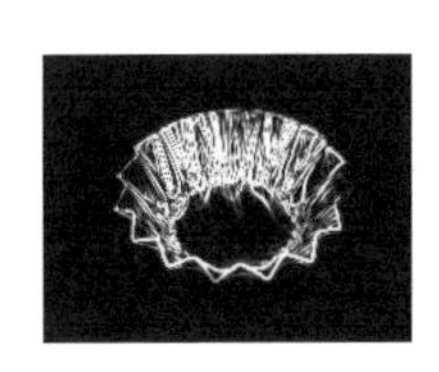

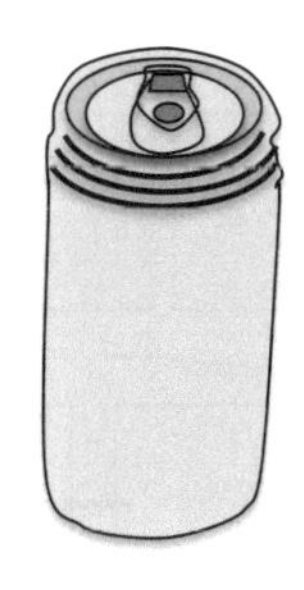

図 4.8　身近なアルミ製品

4.2.4 銅

銅は回路の配線や電線に使われるので，銅線，銅板，電子材料に加工されます。薄い銅板は神社の屋根などに使われます。製造過程は溶かしてインゴットを作り，それから圧延，押出，引抜きなどの加工を行い，製品にしていきます。

銅にスズを混ぜると**青銅**ができます。スズの量によって少ないと青銅色，多くなると黄金色，白銀色となり，古代から銅鏡のように使われてきました。最も身近なものに十円硬貨があります。銅に亜鉛を混ぜると**黄銅**（いわゆる**真鍮**）ができます。強度と展延性が特長で扱いやすいので古くから使われています。銅にニッケルを混ぜると**白銅**となります。現在使われている五十円硬貨，百円硬貨は白銅です。ちなみに，五百円硬貨はニッケル黄銅です。

4.3 冷凍，解凍に関する技術

冷凍食品はプロの作った味が手軽に味わえるので便利です。これがどのようにでき上がるかというと，**図 4.9** に示すように，できた料理の急速冷凍と配送のときの保冷技術です。冷凍時には食品の細胞に氷の結晶ができて組織を破壊しないよう低温において短時間で冷凍することが必要です。また，汚染・乾燥・酸化から保護するための包装袋の材料とパッキング技術が重要です。

冷凍食品の解凍の仕方には，解凍してそのまま食べるものは冷蔵庫内で自然解凍，生食用の魚介類や肉類などは冷水や氷水に浸けて解凍，加熱調理または

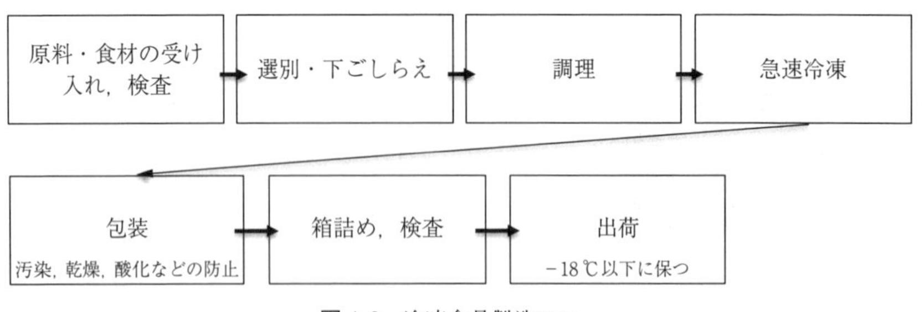

図 4.9　冷凍食品製造フロー

解凍から加熱まで一気にできる食品は電子レンジで解凍，などがあります。

4.3.1 冷 凍 機

冷凍機，ヒートポンプは仕事を与えられて低温源から高温源へ熱を伝えるサイクルです。冷蔵庫やクーラーといった低温源を利用する場合を**冷凍機**，給湯器やヒーターといった高温源を利用する場合を**ヒートポンプ**といいます。

冷媒が熱をどのように運ぶかを**図 4.10** に示します。冷凍・冷蔵庫内の温度を下げるために，そこから熱を冷媒液の蒸発潜熱を使って吸収します。冷媒液は細管の中を通っているので，直接庫内の空気とは接触していません。この細管の熱伝導率は高いので，庫内の熱を吸収し冷媒液に与えて蒸発させます。冷媒液の蒸気は圧縮機に入り圧力を高められて放熱器へ送られます。放熱器に入った細管内では冷やされるので凝縮し液化します。このとき，冷媒液は凝縮潜熱を放出します。この熱を外気へ放熱します。それでもまだ冷媒液は高温な

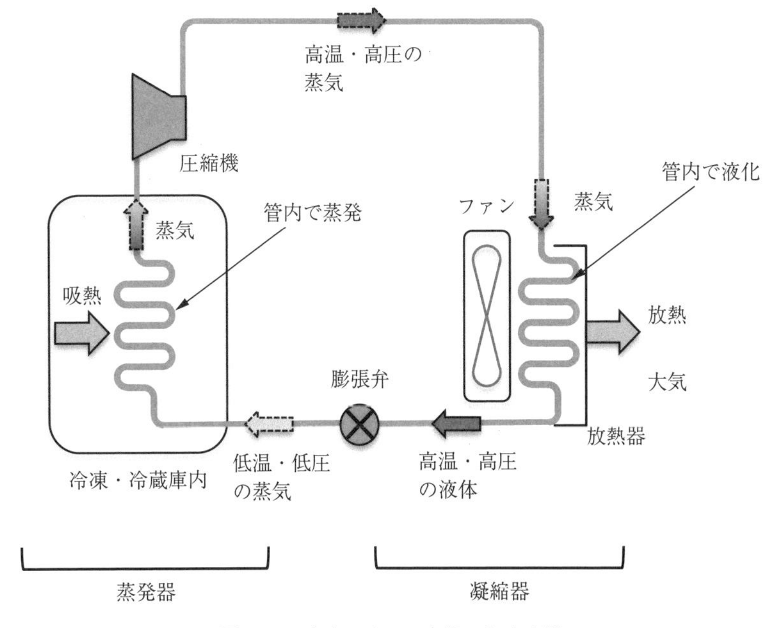

図 4.10 冷凍サイクルを使った冷凍機

ので，膨張弁によって断熱膨張させ温度を下げ，庫内に循環させます。

自然には高い温度から低い温度のところへ熱は流れます。冷凍機は自然に逆らって，低い温度の庫内の低熱源から熱量 Q_L を吸い上げ，高い温度の高熱源である大気へ熱量 Q_H を放出するのですから，冷媒に仕事 W をしなければなりません。いわば水をくみ上げるポンプの役目を圧縮機でするのです。エネルギーバランスから

$$Q_H = Q_L + W \tag{4.1}$$

と表せます。冷凍機では Q_L と W の比が冷凍機の性能を表します。この比を**成績係数**（**COP**，coefficient of performance）ε といい，つぎのように表します。

$$\varepsilon = \frac{Q_L}{W} = \frac{T_L}{T_H - T_L} \tag{4.2}$$

これより，ε は低温源の温度 T_L が高いほど，高温源の温度 T_H が高いほど大きくなります。また，$(T_H - T_L)$ が一定ならば，低温源の温度が高いほど（それに伴って高温源の温度も高くなる），ε は大きくなります。つまり，外気温と冷蔵庫内の温度差を例えば20℃とすると，夏の暑いときのほうがCOPは高いということがいえます。

ちなみに，ヒートポンプの場合には，凝縮器側の高温の熱を放出するので，成績係数はつぎのように定義されます。

$$\varepsilon_H = \frac{Q_H}{W} = \frac{T_H}{T_H - T_L} \tag{4.3}$$

したがって，どちらを対象にするかによってCOPの求め方が異なります。

例題 4.1　冷蔵庫の成績係数

$T_L = 280$ K(7℃)，$T_H = 400$ K(127℃) としたときの冷蔵庫の成績係数を求めてみましょう。ここで，〔K〕(ケルビン) は絶対温度 T の単位でセルシウス度 t〔℃〕との関係は $T = 273 + t$ で表されます。

成績係数 ε は式 (4.2) より

$$\varepsilon = \frac{280}{400 - 280} = 2.33$$

と求められます。つまり，1Jのエネルギーを費やして（1kJの仕事をして）低温源

から 2.33 kJ のエネルギーを吸熱できることを意味しています。

もし，これをヒートポンプとして使うとすると，式 (4.3) より

$$\varepsilon_H = \frac{400}{400-280} = 3.33$$

となり，冷蔵庫として使うよりヒートポンプとして使うほうが成績係数は高くなります。これより，1 kJ のエネルギーを費やして 3.33 kJ をくみ上げられたことになります。

この両者を兼用とする機械にすると，1 kJ のエネルギーを費やして仕事をすると，低温源から 2.33 kJ の熱量を吸い上げ，同時に 3.33 kJ の熱量を高温源に放熱できたことになり，両者を合わせて 5.66 kJ の熱量を移動させたことになります。単に冷蔵庫として使うのではなく，室内の暖房にも使うと経済的に有利となります。　◇

4.3.2　解　　凍

いまや日常茶飯事に使う調理器具は電子レンジです。まったく火を使わずに短時間で温められるというのは便利です。原理は**マイクロ波**によって食品に含まれる水を振動させ，そのエネルギーを水が吸収することにより発熱することを利用します。赤外線が表面の加熱に向いているのに対して，マイクロ波の波長（1 mm ～ 1 m）は赤外線のもの（0.7 μm ～ 1 mm）より長いために食材の深部まで加熱できます。

水が最もよく振動を吸収する共振周波数は約 110 THz（波長＝2.7 μm）でほぼ近～中赤外線です。ところが，日本の電子レンジでは周波数 2.45 GHz（波長＝122 mm）のものを用いています。水の共振周波数の波長よりかなり長いものです。このため，水は分子振動で発熱しているのではなく，多くの水分子が一つの塊を形成してできたクラスターがマイクロ波で併進振動させられ，それによる摩擦熱で加熱しています。波長は食べ物の寸法とほぼ同じですから，食べ物全体を温めることができます。

ちなみに，電子レンジの脇に貼ってある仕様を書いたシールに，例えば定格消費電力 1 360 W，定格高周波出力 500 W と書いてあります。定格消費電力というのはこの電子レンジを動作させるために使うすべての消費電力です。例えば，庫内灯を付ける，ターンテーブルを回す，表示器に加えて食品を温める，

などの電力を合わせたものです。これに対して，定格高周波出力が食品を温める電力の最高値になります。したがって，上記のものでは，500 W が最高の食品温め電力で残りの 1 360－500＝860 W がそれ以外の動作とロスにかかる分になります。食品をあたためる効率という点では効率＝500/1 360＝0.37，つまり 37 %の効率ということになります。

この定格高周波出力は水 2 liter が 10 分間で何度上昇するかで計測しています。したがって，熱量計算により $mc\Delta T/(60\ \mathrm{s}\times 10\ \mathrm{min})$ で求められます。例えば，$\Delta T=35$ ℃，$m=2$ kg，$c=4\,200$ を代入すると，必要なパワーは 490 W と求められます。

4.4 食品加工から販売店に出るまで

いくつかの食品が加工されて，消費者に渡るまでのプロセスを見てみましょう。

4.4.1 牛　　乳

牛乳工場でのプロセスを**図 4.11** に示します。各地から運ばれてくる牛乳を集めて，ゴミなどを取り除いてきれいにし，一旦貯蔵し，飲んで消化を良くするために脂肪分を細かくする均質化という処理をし，高温の蒸気で加熱殺菌処理を短時間行い，充填します。その後，検査を経て出荷されるという一連の行

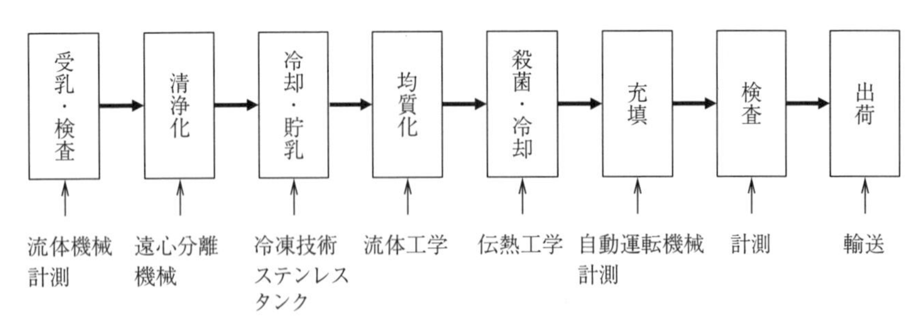

図 4.11　牛乳工場のプロセスとそれに関わる分野

程です。乳牛の搾乳から出荷までの期間は4～5日です。人の手に触れる部分はなくすべて機械化されています。機械がスムーズに動くようには潤滑の技術が重要です。しかし，油が混入する可能性があります。例えば，コンベアーのチェーンやベアリングではグリースのはみ出し，缶に蓋をする機械での油の飛散・落下の可能性です。このため，もし万が一，混入しても健康に害のない食品機械用潤滑油（無菌の食用植物油）を使っています。

図4.11に示す各工程で機械工学の各分野が関わります。タンクローリー車のタンクに入れられて運ばれた牛乳は工場のタンク内に移されます。そのとき，ゴミなどが混入していても作動するようにベーンポンプ（回転型容積ポンプ）（図3.17参照）が使われています。また，**図4.12**に示すような電磁誘導の原理を応用してパイプ内の流速を計測し流量に換算する電磁流量計，もしくは曲がったパイプ内を流れる流れの力でパイプがねじれることを利用した質量

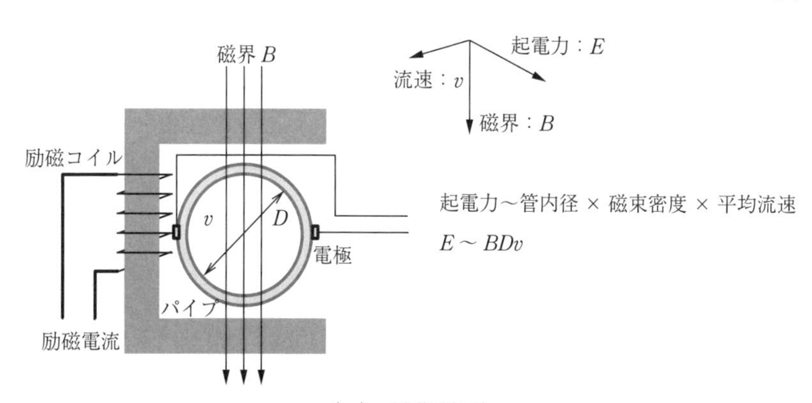

（a） 電磁流量計

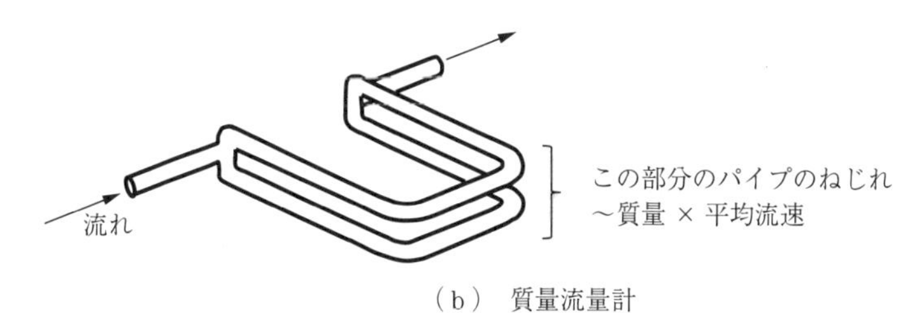

（b） 質量流量計

図4.12 流　量　計

流量計が搭載されており，各酪農家の乳量を計測します。タンク内はステンレスで低温に維持するために断熱構造となっています。

均質化は，ホモジナイザーを使って牛乳内の脂肪を2μm以下に揃える工程です。これをしないと大きな脂肪球が表面に浮いてきてクリーム層を作り，味に違いが出てきてしまいます。ホモジナイザーの原理はベルヌーイの式(3.1.2項の式(3.7))にのっとって細い隙間（**図4.13**）に牛乳を通すことで高圧高速で吹き出し，大きな運動量をもたせて壁に衝突させ脂肪球を細く砕きます。

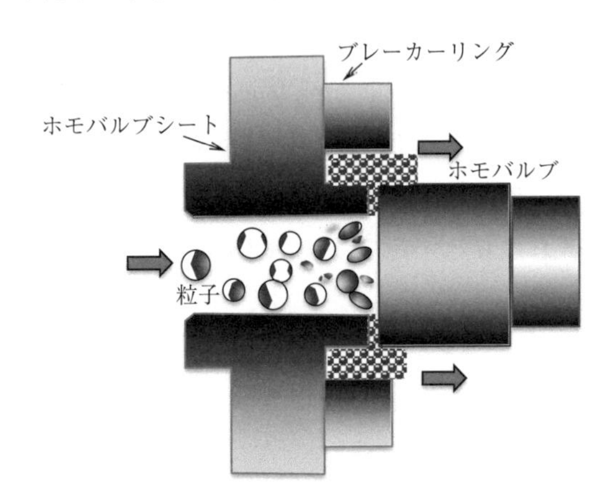

図4.13　ホモジナイザー

4.4.2　植物工場

植物工場は，環境をコントロールされた部屋で，野菜を計画的に生産するシステムです。一般に，土の代わりに養液で，**図4.14**に示すようなLEDなどを使った人工光で育成します。環境因子である温度，湿度，空気，二酸化炭素などは野菜に応じてコントロールされます。利点としては，気象変動の影響，病原菌や害虫による被害などを受けることなく，年間を通じて安定的に市場に供給できることです。また，味や形などの品質を管理することもできます。逆に，問題点としては設備への投資額が大きい，運用費用がかさむなどにより，現在のところ若干高く付くことです。また，この方法に向く品種がまだ少ないことです。

図 4.14　植物工場内の一つの棚

4.5　食べることに関わる物理

食べるときにも物理の法則が関わっています。それは，食べ物という物体を口に運ぶという運動をさせるためだからです。これを機械工学的にうまくコントロールすることできれいな食べ方ができます。また，食材を作る際にも物理が関わります。

4.5.1　振動学の考察からはねを飛ばさずうどんをすする方法

まず，うどんを箸で持ち上げたときの状況を**図 4.15** に示すように天井から釣り下げた長さ L〔m〕の細いロープに置き換えて考えてみましょう。

振動のモードとして，節の数によって 1 次，2 次，3 次，……があります。図 4.15 では天井に固定した点に節が一つありますから図の左側の振動のモードは 1 次，右側のものは 2 次となります。最大の振幅はロープの先端となります。それぞれのモード i の固有振動数 f_i はつぎのように表されます。

$$f_i = \frac{1}{2\pi}\frac{\lambda_i}{2}\sqrt{\frac{g}{L}} \tag{4.4}$$

ここに，g は重力加速度 9.8 m/s^2 です。また，モード 1 次の場合は $i=1$ で，

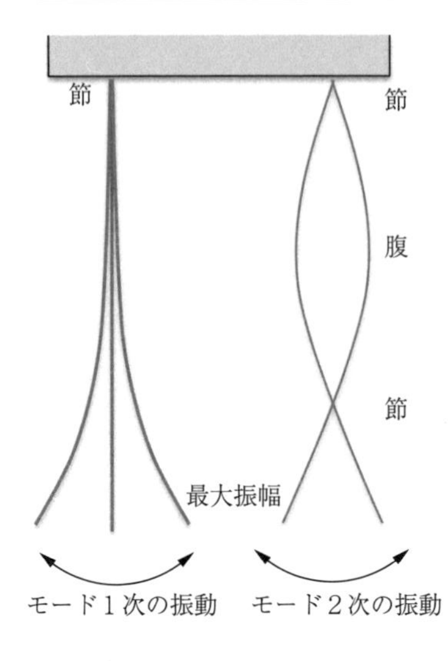

図 4.15　細いロープの振動

$\lambda_1 = 2.405$，２次では $i = 2$，$\lambda_2 = 2.405$ を代入します。いくつかの長さでの固有振動数を**表 4.1** に示します。

表 4.1　ロープの長さに対する固有振動数

長さ L〔m〕	1 次の固有振動数〔Hz〕	2 次の固有振動数〔Hz〕
0.3	1.1	2.3
0.25	1.2	2.8
0.2	1.3	3.1
0.15	1.5	3.5
0.1	1.9	4.4
0.05	2.7	6.2

これより，$L = 30$ cm の最初の状態では１次の振動をする場合，つまり箸でつまんだところを１秒に１回のペース（音楽でいうところのアンダンテ，つまり歩くくらいの速度よりちょっと遅めでゆったり歩く程度のペース）で揺すると，共振して先端部分は大きく揺れます。先端にかかる加速度 a は振幅と周波数の二乗に比例しますので $a = A \times (2\pi f_i)^2$ と表されます。この加速度は揺れの先端で行って戻るときにかかります。この状態の先端に付く液滴に作用する力のモデルを**図 4.16** に示します。液滴はうどん先端に表面張力で付いており，

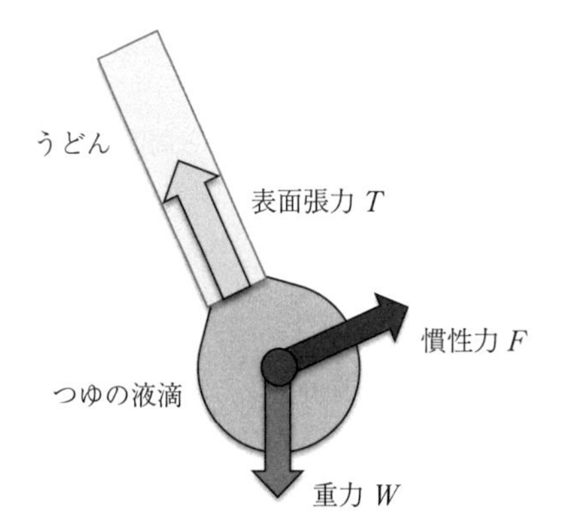

図 4.16　うどんの先端に付く液滴に作用する力

これと液滴にかかる重力と慣性力との合力が釣り合っている状況です。この釣合いから外れると，液滴はうどん先端から飛び出していきます。先端部分の加速度がかかる際に液滴が飛び出す状況が起こりやすいのです。また，周波数が高くなると加速度が大きくなり慣性力が大きくなりますから，うどんが短くなると液滴が飛び出す可能性が大きくなることがわかります。

例題 4.2　**液滴にかかる力**

直径 5 mm のうどんをすする際の状況を図 4.16 を参考に考えてみましょう。

液滴の大きさは直径 4 mm の球体と同じ大きさとします。つゆの諸量は水と同じとします。したがって，密度 $\rho=1\,000\ \mathrm{kg/m^3}$，表面張力 $\sigma=72.75\times10^{-3}\ \mathrm{N/m}$ です。液滴の質量は

$$m=\rho\times\frac{4\pi}{3}\left(\frac{d}{2}\right)^3=1\,000\times\frac{4\pi}{3}\left(\frac{0.004}{2}\right)^3=3.4\times10^{-5}\ \mathrm{kg}$$

と求められます。したがって重さ W は $W=mg=3.3\times10^{-4}\ \mathrm{N}$ です。

うどんの長さが 30 cm のとき，例えば 1 次の振動の振幅（中心から片側の振れ幅）が $A=5$ cm だとすると，つまり揺れの先端から逆の先端までは 10 cm，加速度は

$$a=A\times(2\pi f_i)^2=0.05\times(2\pi\times1)^2=1.97\ \mathrm{m/s^2}$$

と求められます。したがって，液滴にかかる慣性力 F は

$$F=ma=6.7\times10^{-5}\ \mathrm{N}$$

です。重さの約 1/5 です。これらの合力 R は単純に $R=\sqrt{F^2+W^2}$ で求められるとして計算すると

$$R=3.4\times10^{-4}\,\mathrm{N}$$

となります。

さて，表面張力による力はうどんの直径Dから周囲の長さを求めそれにσをかけると求まります。したがって，$T=\pi D\sigma$ですから

$$T=\pi\times0.005\times72.75\times10^{-3}=1.1\times10^{-3}\,\mathrm{N}$$

と求まります。これより，$T>R$ですから，この状態では液滴はうどんにしっかりと付いています。

では，逆に液滴がはずれるときの加速度とうどんの長さを求めてみましょう。このときの振幅を$A=5\,\mathrm{cm}$としましょう。はずれる限界は$T\leqq R$ですから，そのときの慣性力は$F\geqq\sqrt{T^2-W^2}$で与えられます。したがって

$$F\geqq1.0\times10^{-3}\,\mathrm{N}$$

と求まります。したがって

$$a\geqq\frac{1.0\times10^{-3}}{3.4\times10^{-5}}=29.4\,\mathrm{m/s^2}$$

となり，振幅Aが5 cmですから，$a=A\times(2\pi f_i)^2$の関係より周波数は$f_1=3.9\,\mathrm{Hz}$と求まります。このときのうどんの長さは式(4.4)より，$L=24\times10^{-3}\mathrm{m}$，つまり24 mmと求められます。これでは振幅2 cmになるときにうどんはほぼ真横に向いていることになります。口に入る直前になりますから液滴はほぼ真横に飛んで体には付きにくく，どちらかというと頬に付くことになります。振動モードを変えて上述と同様に計算してみましょう。モード2の振動の場合は$L=124\,\mathrm{mm}$，モード3の場合は$L=306\,\mathrm{mm}$となります。元々のうどんの長さが300 mmですから，モード3は現実的ではありません。したがって，すすったときにモード2次の振動が起き，うどんの長さが124 mmで振幅50 mmに達したときに液滴が飛ぶ状況がもっともらしいことになります。

すするときに唇とうどんの隙間を流れる空気がうどんにまとわり付く液体を振動させることとうどんのもつ固有振動数が一致した，いわゆる共鳴現象がつゆのはねを起こさせる原因となっています。上述の考察から，はねが飛ばないようにするには，うどんの先端が大きく揺れないように箸やれんげで押さえることで振動を抑える工夫が必要です。また，124 mm程度になったときに一旦すするのをやめて振動を抑えることも有効かもしれません。◇

4.5.2　うなぎの秘伝のタレに関わる数学

よく，秘伝のタレを不足分を足しながら300年間使っていますという言葉を耳にすることがあります。本当に300年前のものが残って続いているのか，**混**

合拡散の問題として考えてみましょう。**図 4.17** に示すうなぎのタレ継ぎ足しモデルを設定します。まず，質量パーセント濃度〔%〕はつぎのように定義されます。

$$質量パーセント濃度〔\%〕= \frac{溶質の質量}{（溶媒+溶質）の質量} \times 100 \qquad (4.5)$$

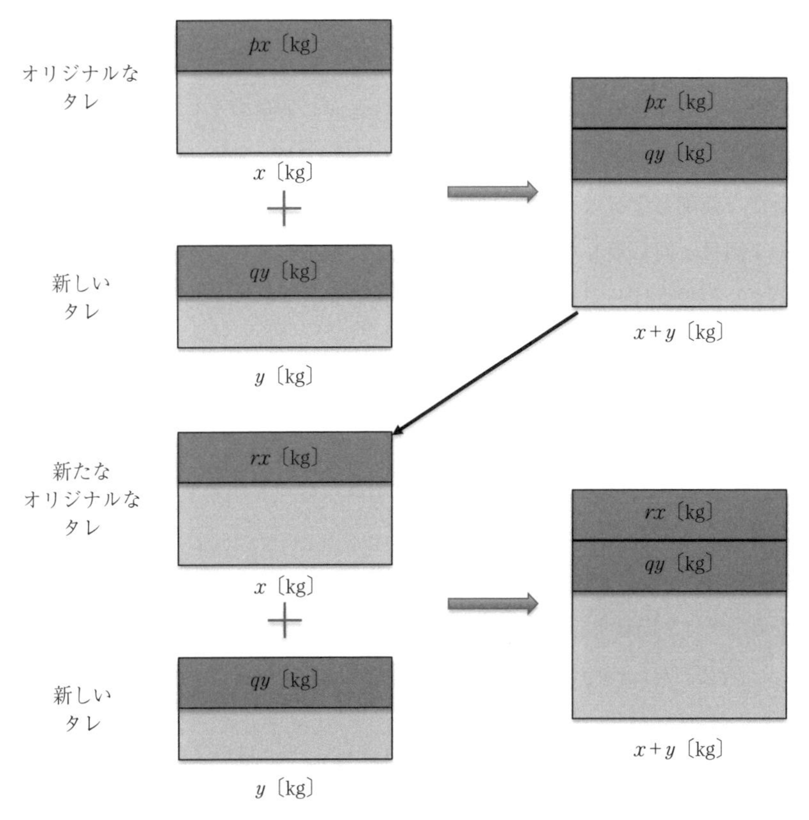

図 4.17 うなぎのタレの継ぎ足しモデル

いま，a という溶質が解けた質量パーセント濃度が p〔%〕の溶液が x〔kg〕あるとします。溶質 a の質量 m_a は $m_a=p\times x$〔kg〕です。これが 300 年前に作られたオリジナルなうなぎのタレだとします。継ぎ足す新しいタレの質量パーセント濃度を q〔%〕，その新しいタレが y〔kg〕あるとします。新しい

タレの溶質の質量 m_b は $m_b = q \times y$〔kg〕です。これらを混ぜたときの濃度 r はつぎの式で与えられます。

$$r = \frac{px + py}{x + y} \tag{4.6}$$

混ぜた後の溶液（タレ）の質量は $x+y=1$ とつねに一定であるとします。そうすると式(4.6)はつぎのようになります。

$$r = px + q(1-x) \tag{4.7}$$

したがって，元のタレから取り出した分と同じ質量のタレを継ぎ足したら溶液の質量はつねに同じとなります。さて，図4.17に示すように，1回の操作で新たな濃度となったタレを2回目のオリジナリなタレとみなして，新しいタレを1回目と同じ量 y だけ混ぜていくことにします。もちろん混ぜ終わったときのタレの質量は一定です。この操作を式で表していきましょう。混ぜる回数を i 回で表します。

もともと $i=0$ のときは，混ぜていないので

$$r_0 = px + q(1-x) = p \times 1 + q \times (1-1) = p$$

です。つまりオリジナルの元々のタレの濃度となっています。では，1回目の入れ替えをしてみましょう。

$$i=1: r_1 = r_0 x + q(1-x) = px + q(1-x)$$

となります。2回目を行ってみましょう。

この部分を下の式に代入，以下同様。

$$i=2: r_2 = r_1 x + q(1-x) = \{px + q(1-x)\}x + q(1-x)$$
$$= px^2 + q(1-x)(x+1)$$

同様に3回目以降を下に書きます。

$$i=3: r_3 = r_2 x + q(1-x) = \{px^2 + q(1-x)(x+1)\}x + q(1-x)$$
$$= px^3 + q(1-x)(x^2+x+1)$$

$$i=4: r_4 = r_3 x + q(1-x) = \{px^3 + q(1-x)(x^2+x+1)\}x + q(1-x)$$
$$= px^4 + q(1-x)(x^3+x^2+x+1)$$

$$i=5: r_5 = r_4 x + q(1-x) = \{px^4 + q(1-x)(x^3+x^2+x+1)\}x + q(1-x)$$
$$= px^5 + q(1-x)(x^4+x^3+x^2+x+1)$$

ここまで来ると，だいぶ規則性が見えてきましたので一気に n 回目の式を書いてみましょう。

$$i=n: r_n=r_{n-1}x+q(1-x)=px^n+q(1-x)(x^{n-1}+x^{n-2}+x^{n-3}+\cdots+x+1) \tag{4.8}$$

となります。右辺の第二項目に現れる $x^{n-1}+x^{n-2}+x^{n-3}+\cdots+x+1$ は二項級数から

$$x^{n-1}+x^{n-2}+x^{n-3}+\cdots+x+1=\frac{1}{1-x}$$

と書けるので，式 (4.8) は

$$i=n: r_n=px^n+q(1-x)\frac{1}{1-x}=px^n+q \tag{4.9}$$

となります。ここで，n をさらに大きくしていくと $|x|<1$ であることから式 (4.9) の第一項は0となってしまいます。つまり

$$i=\infty: r_\infty=q$$

となります。回数を増やしていくとオリジナルの濃度 p は消え，新しい濃度の q だけになってしまうことを意味しています。これをタレで考えますと300年という年数で毎日入れ替えると $300\times365=109\,500$ 回となります。1モル当りの分子の数は有限ですから，分子もすべて入れ替わっていることが考えられます。もちろん，伝統の味を守って，$q=p$ であれば $r_\infty=p$ ですから，元の分子は変わっていますが味は300年間変わらずに続くということがいえます。ですので，秘伝の味のレシピは分量どおり守ることが重要です。

例題 4.3　**何回の入れ替えで元の99%が替わるか**

具体的に新しいタレを10％入れるとしましょう。そのとき何回で r が元の99％まで新しいものと入れ替わるか考えてみましょう。

$y=0.1$ とすると，$x=0.90$ です。したがって，式 (4.9) を用いて

$$0.99p=p\times0.90^n+q$$

ですから

$$(0.99-0.90^n)p=q$$

より，n を増やしていくと，例えば $n=10$ で元の64％が q に入れ替わっています。

$n=20$ で 87 %，$n=30$ で 95 %，$n=40$ で 98 %，$n=60$ で 99 %となります。つまり毎日 1 回 10 %ずつ入れ替えていくと，60 日間で元の 99 %が入れ替わる計算になります。意外と早いですね。◇

4.5.3 ソフトクリームの断面が星型をしている材料力学的理由

ソフトクリームを提供するお店で使っている機械はフリーザー（ソフトクリームサーバー）（**図 4.18**）といいます。冷凍機で冷凍混合・押し出し機の外壁を冷やします。ソフトクリームの材料が壁面で凍った部分をダッシャーでかき取りながら，それと空気を混ぜあわせ滑らかな舌触りに仕上げます。ペダルもしくはレバーによってノズル入り口を開けると，ダッシャーのらせん構造でソフトクリームを押し出してきます。ノズルの形状は**図 4.19** に示すように六芒星が一般的です。この理由については後で考えてみます。

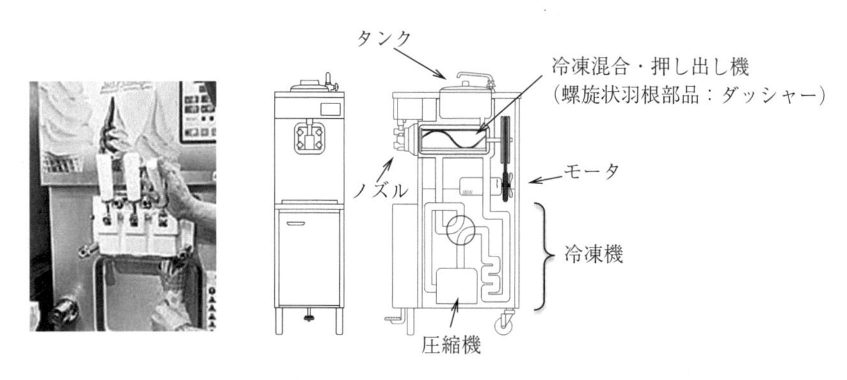

図 4.18　フリーザーとその構造

図 4.19　ノズル出口形状

できあがった表面に凹凸の付いた棒状のソフトクリームは，**図 4.20**（a）に示すように，螺旋（らせん）を描きながら円錐状に積み上げられています。円形のノズルを使うと図（b）に示すようなソフトクリームとなります。じつはこの円形

（a）　星形ノズル

（b）　円形ノズル

図 4.20　コーンに盛り付けたソフトクリーム

ノズルで作るソフトクリームが元々の始まりのようです。

さて，問題である，なぜ最近のソフトクリームは星形ノズルで作られることが多いのかについて説明します。見た目が変化に富んでいて綺麗，表面が凸凹しているので積み上げるときに型崩れしにくい，表面積が増えるので溶けやすい？　などがいわれています。これを以下のように材料力学的観点から考えてみます。

まず，ノズルから出てきた棒状のソフトクリームをコーンで受け取る際，円を描きながらコーンを回転させて積み上げていきます。この所作から，棒状の物体を変形させやすい断面形状はなにかという問題に置き換えてみます。材料力学的には**曲げ**の問題となります。曲げやすいか曲げにくいかの判定基準は棒の断面の形だけに依存します。材料力学というと硬いものを扱うイメージですから，ソフトクリームのような柔らかいものに対して適用できないのではないかという疑問が出ますが，じつは断面の形状だけに依存するので硬い柔らかいということは判断の基準に入ってこないのです。この基準を次式のように定義される曲げやすさを表す**断面係数** Z〔m^3〕で表現します。

$$Z=\frac{I}{\eta} \tag{4.10}$$

ここに，回転のしやすさを表す断面二次モーメントである I〔m^4〕は断面の形によって決まる値です。いわば回転をさせやすいかさせがたいかを表す指標です。なぜ断面の回転を扱うかというと，**図 4.21** に示すように，棒を曲げると

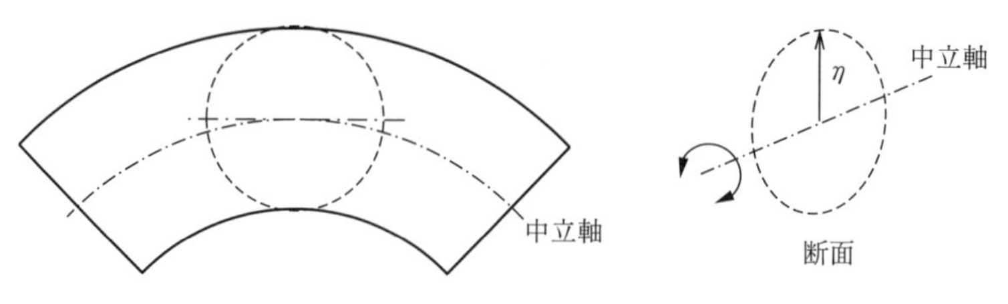

図 4.21　棒の曲げ

きに断面が中立軸に対して回転するからです。式（4.10）の η は中立軸からの曲げる方向に測った最も遠い表面までの距離です。

この式からわかることは材質に関連することはなにも入っていないということです。単に形だけで表されるものです。この断面係数が大きいということは I が大きいか η が小さい場合です。断面二次モーメント I が大きいということは回転しがたいということを意味しています。中心軸から表面までの距離が小さいということは曲げる方向に対して薄いということを表しています。

同じ断面積をもった異なる形状の断面係数を**表 4.2** に比較しています。中立軸はどの断面も高さの中央を通るとしています。このとき，円の断面係数の値で他の形状のものを割って規格化しています。円形の断面をもつ丸棒に対して曲げやすいのか曲げにくいのかが比較しやすくなっています。

表 4.2　同断面積をもつ異なる形の Z の比較（円の Z で規格化した値）

断面積を同じとする									
円の Z を1としたときの比較値	1.63	1.20	1.00	0.939	0.980	1.24	1.08	0.612	0.337

表 4.2 より，最も曲げにくい形状は正方形です。つまり角棒は丸棒より曲げにくいことがわかります。建物の柱や梁に角材を使う理由です。また，中が詰まった丸棒と中空のパイプではほとんど同じ値をもつことがわかります。つまり，材料の節約に役立ちます。

さて，比較した形状の中で最も小さな値を示すのは六芒星です。丸棒に比べて3倍曲げやすいことがわかります。このことから，ソフトクリームを回しながら積み上げる際に容易に螺旋構造を作ることができます。昔は丸い断面をもつソフトクリームでしたが，これで作るソフトクリームは相当の熟練が必要だったのだと想像できます。逆に，丸断面のソフトクリームを見たら熟練した人が作っているといえます。

ちなみに袋に入ったクリームを手で絞り出し，ケーキの飾り付けを行うことを考えます。この際の口金（ノズル）の形状にはさまざまなものがあります。曲げやすい形状は尖った六芒星のように中心から離れた位置の部分の面積が小さいことです。または平べったい形状も曲げやすくなっています。

例題 4.4　**板の断面二次モーメントと断面係数**

板の断面二次モーメントと断面係数から曲げやすさについて考えてみましょう。

板の断面形状が**図 4.22** に示されるように縦 h，横 b で表されるものとします。曲げに対する断面の中立軸は断面の中央を通ります。したがって，$\eta=h/2$ です。この形状の断面二次モーメント I および Z は

$$I=\frac{1}{12}bh^3,\quad Z=\frac{I}{\eta}=\frac{1}{6}bh^2$$

と表されます。これより，I は断面の高さが高いほど大きくなり，回転しがたくなります。逆に，薄いと回転しやすいといえます。断面係数 Z で見ると高さが高いほど曲がりがたく，薄いと曲げやすいことがわかります。定規のような薄板を縦にして曲げると曲がりませんが，横にすると曲げやすいことを経験します。材質が同じにもかかわらず，曲げる方向に対する断面の形で曲げやすくなったり曲げがたくなったりします。

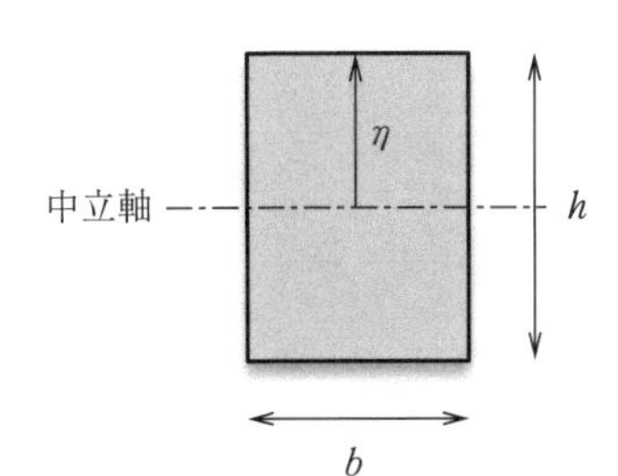

図 4.22　長方形断面の寸法

◇

ソフトクリームの受けであるコーンカップ（**図 4.23** の左図）はどのように作られるのでしょうか。コーンカップの材料は小麦粉，コーンスターチ，油，グラニュー糖，膨張剤であるベーキングパウダーを混ぜたものです。これを図 4.23 に示すように金型の雌型に流し込んだ後，雄型を挿入して焼き上げます。プラスチックの製品成形と同じです。焼きあがったコーンは空気泡が含まれ，食感をサクサクにしています。また，これにより手で握ったときの熱が内部のソフトクリームに伝わりにくくなり，断熱性も上げています。コーンカップの内側にいくつかのひだや突起が付いています。これもソフトクリームとの間に空気層を作り断熱性を上げる工夫です。また，握ったときの力で潰れないよう剛性（外力に対して抵抗する性質）を上げています。

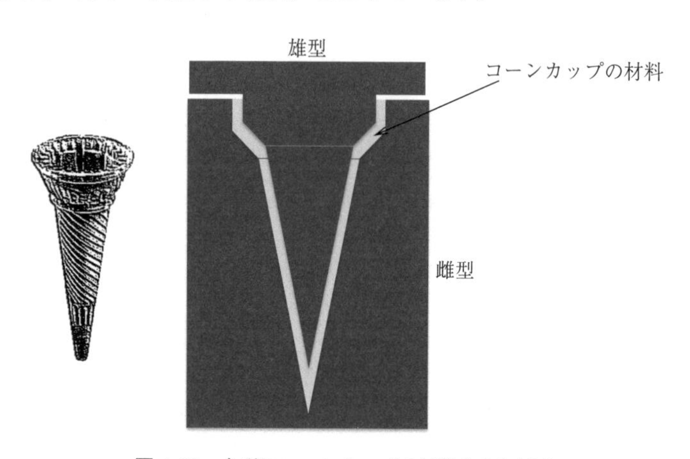

図 4.23　金型にコーンカップの材料を入れ焼成

スポーツに関わる機械工学

いまやどの種目のスポーツにおいても，科学的に取り組んで選手の能力を十分に引き出せなければ，世界で通用しない状況になっています。本章では身近な運動である「走る」，「綱引き」，「泳ぐ」を通して，どのように力を有効に使って自分の推進力に変えるかという方法と，「自転車」，「釣り」を通じて道具を使って進むための工学を取り上げ，うまく使う方法を考えていきます。

5.1 走る物理

5.1.1 100 m を 9 秒で走る計画

人が 100 m を走る際，**図 5.1** に示すグラフに示すような速度変化となるとします。すなわち，スタートから t_a 秒で最高速度 u_m〔m/s〕になり，100 m 先のゴールラインを切る時間 t_g 秒までの（$t_g - t_a$）秒間をその速度を保ったまま走り，その後 2 秒かけて止まるという変化です。この速度は時間の関数としてつぎのように書けます。

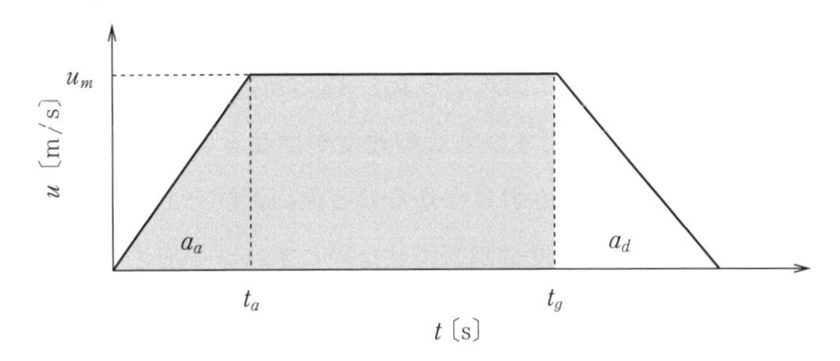

図 5.1　走りの戦略：走行速度の時間変化

$$u = a_a t,\quad 0 \leqq t < t_a$$

$$u = u_m = \text{const.},\quad t_a \leqq t \leqq t_g$$

$$u = a_d(t - u_m) + u_m,\quad t_g < t \leqq (t_g + 2)$$

加速時の加速度は

$$a_a = \frac{u_m - 0}{t_a - 0} = \frac{u_m}{t_a}\ \text{〔m/s}^2\text{〕}$$

減速時の加速度は

$$a_d = \frac{0 - u_m}{t_g + 2 - t_g} = -\frac{u_m}{2}\ \text{〔m/s}^2\text{〕}$$

です。減速時を除いた速度変化の線と x 軸で囲まれた台形（シャドウで示す）の面積が距離 100 m に相当します。したがって

$$x = \int_0^{t_g} u dt = \int_0^{t_a} u dt + \int_{t_a}^{t_g} u dt$$
$$= \frac{a_a}{2} t_a{}^2 + u_m(t_g - t_a) = \frac{1}{2}\{(t_g - t_a) + t_g\} u_m \qquad (5.1)$$

と表され，距離が加速時間，ゴール時間と最大速度で表されます。ここで距離 $x=100$，目標ゴール時間の $t_g=9$ を式（5.1）に代入すると

$$100 = \frac{1}{2}\{(9 - t_a) + 9\} u_m$$

となり整理すると

$$u_m = \frac{200}{18 - t_a} \qquad (5.2)$$

の関係が得られます。

したがって，スタートしてから加速して最高速度に達するまでの時間が $t_a=2$ 秒とすると，最高速度 u_m は上式から $u_m=12.5$ m/s ということがわかります。時速でいうと 45 km/h ですからこの速度が出せるように練習しなくてはなりません。加速に時間がかかればかかるほど最高速度を上げなければならないことがわかります。この速度は到底出せないとすれば，加速時間を短くする練習をする必要があります。例えば $t_a=1$ 秒とすれば $u_m=11.8$ m/s〔42.5 km/h〕，$t_a=0.8$ 秒とすれば $u_m=11.6$ m/s〔41.8 km/h〕というように，自

分の最高速度に達するまでの時間を短くできるよう練習することになります。物理の観点から練習の方法はこれら 2 通りしかないことになります。ただむやみに走って筋力を付けてタイムが縮まるのかどうかという練習ではなく，目標を明確にして部分部分でタイムを縮める練習こそが科学的方法といえます。

例題 5.1 自分の最高速度で 100 m を走ったときの理論タイム

最高速度が $u_m=10\,\mathrm{m/s}$ の人が 100 m を走ると何秒かかるか求めてみましょう。

式 (5.1) にこれらを代入すると

$$100=\frac{1}{2}\{(t_g-t_a)+t_g\}u_m=\frac{a_a}{2}t_a^{\,2}-u_m t_a+u_m t_g$$

で表されます。これを変形すると

$$t_g=-\frac{a_a}{2u_m}t_a^{\,2}+t_a+\frac{100}{u_m} \tag{5.3}$$

となりますから，ゴール時間 t_g は u_m および a_a を係数とする t_a の 2 次の関数として表されます。$x=100\,\mathrm{m}$ に達したときの時間 t_g が最小となる t_a は，$dt_g/dt_a=0$ となる t_a を求めればよいことを数学で学びました。u_m が一定値であるとして，これを実行すると

$$\frac{dt_g}{dt_a}=-\frac{a_a}{u_m}t_a+1=0$$

$$\therefore\quad t_a=\frac{u_m}{a_a}$$

これを式 (5.3) に代入すると

$$t_g=\frac{u_m}{2a_a}+\frac{100}{u_m} \tag{5.4}$$

とゴール時間が加速度と最高速度で表されます。さて，$u_m=10\,\mathrm{m/s}$ ですから，これを式 (5.4) に代入すると

$$t_g=\frac{5}{a_a}+10$$

となります。すなわち，加速度 a_a が大きければ大きいほど t_g は 10 秒に近づきます。逆のいい方をすれば，加速度をいくら大きくしても t_g は 10 秒以下にはならないということがわかります。つまり最高速度が $10\,\mathrm{m/s}$ の人の理論的限界は $a_a=\infty$ のときですから $t_g=10$ 秒ということになります。また，式 (5.4) から，$t_g=9$ のときの u_m について解くと

$$u_m = \frac{18a_a \pm \sqrt{(18a_a)^2 - 800a_a}}{2} \tag{5.5}$$

が得られます。ルートの中が0または正であるためには

$$a_a \geqq \frac{800}{18^2} = 2.5\ \mathrm{m/s^2}$$

でなければなりません。さて，現実的にどうすればよいかですが，自分が出しうる最高速度 u_m を例えば $u_m = 12\ \mathrm{m/s^2}$ と決め，これと $t_g = 9$ 秒を式 (5.4) に代入すると，スタートダッシュの加速度 $a_a = 9\ \mathrm{m/s^2}$ が求まります。したがって，加速に必要な時間 $t_a = 1.33$ 秒が求まります。これらの数値で 100 m を走ると $t_g = 9$ 秒フラットでゴールを切れます。　◇

例題 5.2 走るのに必要なパワー

体重 60 kgf の人が 100 m を図 5.1 のように走るとき，加速や一定速度保持のためにどのくらいパワー〔W〕を必要とするのか求めてみましょう。

100 m を 9 秒で走るときを考えます。このため，諸量には添字の 9 を付けて表します。式 (5.4) から 9 秒を出すための上述のことから最高速度は $u_{m9} = 12\ \mathrm{m/s}$ ですから，加速時では

$$E_{a9} = \frac{1}{2} m u_{m9}{}^2 - 0 = 0.5 \times 60 \times 12^2 = 4\,320\ \mathrm{J}$$

です。加速時間 $t_{a9} = 1.33$ 秒ですから，パワー P_{a9} は

$$P_{a9} = \frac{E_{a9}}{1.33} = 3\,250\ \mathrm{W}$$

と求まります。なお，一定加速

$$a_9 = \frac{u_{m9}}{t_{a9}} = 9\ \mathrm{m/s^2}$$

を出す力は

$$T_{a9} = m a_9 = 60 \times 9 = 540\ \mathrm{N}$$

です。加速時に走る距離

$$x_9 = 0.5 \times a_{a9} \times t_{a9}{}^2 = 0.5 \times 9 \times 1.33^2 = 8.0\ \mathrm{m}$$

をこの力にかけるとエネルギーは 4 320 J と求まり，運動エネルギーから求めた値と同じになります。加速度一定というのは一定の力をかけた結果であり，それに移動距離をかけたものが仕事となるという定義どおりだからです。

これに対して，一定速度で走っているときの推力 T_9 は，空気抵抗と釣り合う分ですから

$$T_9 = D_9 = \frac{1}{2} C_D \rho u_{m9}^2 A$$

に抵抗係数 $C_D = 1.0$，投影面積 $A = 1.35\ \mathrm{m}^2$ を上式に代入すると T_9 は

$$T_9 = \frac{1}{2} \times 1.0 \times 1.2 \times 12^2 \times 1.35 = 117\ \mathrm{N}$$

です。加速時に走る距離は 8.0 m でしたから，T_9 の力で残りの 92.0 m を走るので，エネルギーは

$$E_{c9} = T_9 x_9 = 117 \times 92.0 = 10\,764\ \mathrm{J}$$

です。このエネルギーを 9－1.33＝7.67 秒間で出すので，パワーは

$$P_{c9} = \frac{E_{c9}}{7.67} = 1\,403\ \mathrm{W}$$

となります。したがって，100 m のゴールを切るまでに必要なエネルギーは

$$E_9 = E_{a9} + E_{c9} = 4\,320 + 10\,764 = 15\,084\ \mathrm{J}$$

となります。

100 m を 11 秒で走る場合と 9 秒で走る場合のパワーの比較をしてみましょう。

加速時には

$$\frac{P_{a9}}{P_{a11}} = \frac{\dfrac{E_{a9}}{t_{a9}}}{\dfrac{E_{a11}}{t_{a11}}} = \left(\frac{u_{m9}}{u_{m11}}\right)^2 \left(\frac{t_{a11}}{t_{a9}}\right) = \left(\frac{u_{m9}}{u_{m11}}\right)^2 \left(\frac{\dfrac{u_{m11}}{a_{a11}}}{\dfrac{u_{m9}}{a_{a9}}}\right) = \left(\frac{u_{m9}}{u_{m11}}\right)\left(\frac{a_{a9}}{a_{a11}}\right)$$

と表され，速度比と加速度比の積に比例することがわかります。これに対して，等速走行時では

$$\frac{P_{c9}}{P_{c11}} = \frac{\dfrac{E_{c9}}{t_{c9}}}{\dfrac{E_{c11}}{t_{c11}}} = \frac{\dfrac{\frac{1}{2} C_D \rho u_{m9}^2 A x_9}{t_{c9}}}{\dfrac{\frac{1}{2} C_D \rho u_{m11}^2 A x_{11}}{t_{c11}}} = \left(\frac{u_{m9}}{u_{m11}}\right)^2 \left(\frac{t_{c11}}{t_{c9}}\right)$$

となります。この場合，パワーの比は速度比の二乗に比例することがわかります。

パワーというのはエネルギーをどのくらいの時間で使うのか，すなわちエネルギー消費率ですから，パワーが大きいということはもともともっているエネルギーを短時間で使いきるということです。例えば，21 000 J（－21 kJ－5 kcal）のエネルギーを取り込んだとして，消費時間 t は $t = E/P$ ですから，$P = 2.1\ \mathrm{kW}$ であれば，10 秒，$P = 4.2\ \mathrm{kW}$ であれば，5 秒で使いきるということになります。このパワーで長く走るためにはたくさんのエネルギーをもっている必要があります。例えば，$P = 2.1\ \mathrm{kW}$ で 300 秒（5 分）保たせるためには

$$E = 2.1\ \mathrm{kW} \times 300\ 秒 = 630\ \mathrm{kJ} = 150\ \mathrm{kcal}$$

必要ということになります。ここで，なぜエネルギーの単位に kcal を使ったかというと，例えばカレーライス 1 000 kcal，ジュース 42 kcal のように，日本では食品などでは kcal を使うのがふつうだからです（2.4 節参照）。cal から J への換算は 1 cal = 4.2 J です。また，cal に 4.2 J/cal をかけると J が求められます。　◇

5.1.2　ウサイン・ボルトの走りに学ぶ

ジャマイカの元陸上競技短距離選手のウサイン・ボルトが，スタート直後に加速しているときの映像の 1 コマから，彼がどのくらいの力を出しているのかを見積ってみましょう。まず，走るということは，当然のことですが，片足で地面に力を与えて体を前に進めることです。では，どの方向に力を与えるのかというと，**図 5.2** に示すように，つま先から体の重心（図中の⊕の部分でちょうどヘソのあたり）に向けて引いた線が地面となす角度の方向です。この理由については後で説明します。

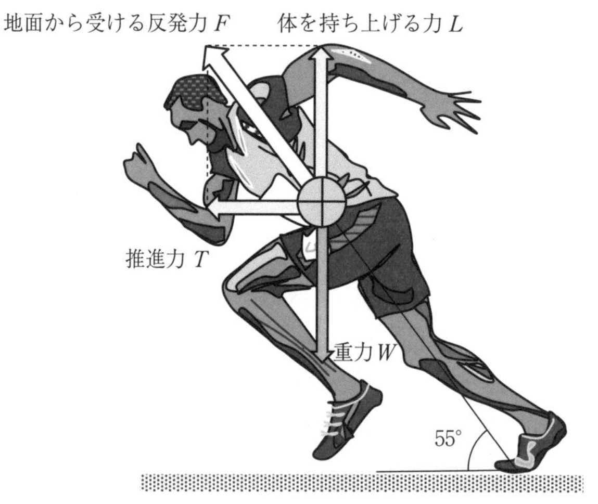

図 5.2　ウサイン・ボルト選手のスタート直後の姿勢

さて，地面に与える力というのは体重を支える分を含めて，**図 5.3** に示すように，地面に接した足先で地面を後ろ側の斜め下方向に足先から地面に与える力（$-F$）のことです。**ニュートンの運動の第三法則**である「**作用反作用の法

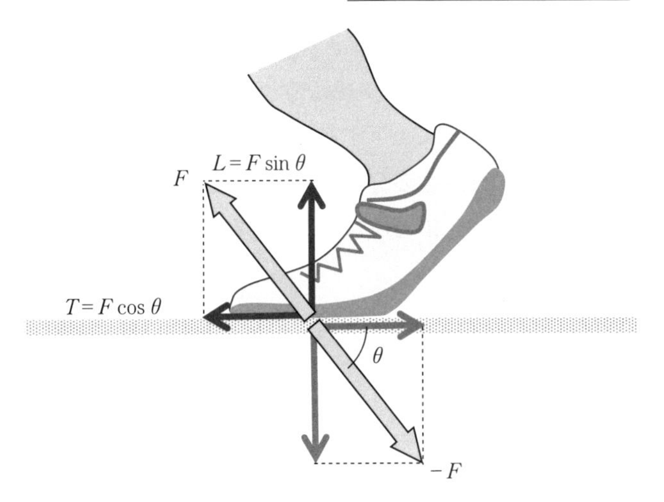

図 5.3　蹴る力の分解

則」から，地面からの反力として，同じ作用線（作用する線）上で大きさが等しく，向きが反対の力（F）が，蹴った足先に作用します。足先にかかる力の作用線方向が重心を向いているので，その重心に足先にかかっている力と同じ力がかかっているとみなすことができます。

ここで，地面に対して下向き方向を負（マイナス）で表していますが，この場合の負符号は，単なる方向を表しています。これとは逆に，正（プラス）は上向き方向を表しています。反力である上向き方向の力は，地面から測ってやはり θ の角度だけ傾いています。この延長線上に重心があれば，先に述べたように，重心には θ 方向に力 F が作用することになります。

さて，角度 θ 傾いている力 F を垂直上向きと水平方向の成分に分解してみましょう。図 5.3 に示すように，力の垂直方向成分および水平方向成分はそれぞれ，つぎのように表せます。

$$\left.\begin{array}{l}\text{垂直方向成分 } L : L = F\sin\theta \\ \text{水平方向成分 } T : T = F\cos\theta\end{array}\right\} \qquad (5.6)$$

垂直上向きの力 L が体重 W よりも小さいとすると，$L < W$ により，$L - W$ は負となるため，体の重心は下向きに移動します。したがって，体が地面に近

づくように移動します。逆に，$L>W$であれば，$L-W$は正となるため，体は上に移動します。LがWに比べて大きくなったり小さくなったりすると，体の重心は平均的な位置に対して上下する運動となります。直線的に動くことが最短経路ですから，体が上下する分だけ長い距離を移動することになり不利となります。したがって，$L=W$となるように走ることを心がけるべきだということになります。

さて，この等式から力Fを計算することができます。$L=F\sin\theta=W$より

$$F=\frac{W}{\sin\theta} \tag{5.7}$$

となります。ウサイン・ボルト選手の地面に接している足裏と重心を結んだ線が水平となす角度は，図5.2を用いて測ってみると，その角度が55°であることがわかります。また，体重Wは94 kgですので，それを重力という力に換算するために，重力加速度$g=9.8\,\mathrm{m/s^2}$を94 kgにかけると

$$W=9.8\times94=921\,\mathrm{N}$$

（Nは1 kgの物質に$1\,\mathrm{m/s^2}$の加速度を生じさせる力の単位であるニュートン）となります。したがって，$\sin 55°=0.819$ですから

$$F=\frac{921}{\sin 55°}=1\,125\,\mathrm{N}$$

となります。

この力を重さに換算すると115 kgfとなり，$115\div94=1.22$なので，この力は体重の約1.2倍に相当します。垂直に立っている場合，$\theta=90°$ですから，$\sin 90°=1$より，式（5.7）から$F=W$となり，体重の分だけ足裏に作用しています。

さて，図5.2の力の水平方向成分であるTは重心を前に進めるものなので，推進力となります。これで，体が前に進む運動となります。質量（体重計で量った値は質量を表しているので，この場合は体重と同じです）をm，加速度をaとすると，運動方程式は

$$ma=T \tag{5.8}$$

と表せます。これより，Tが同じであれば，体重の軽いほうが加速度は大きくなるので，スタートダッシュ時には体重の軽いほうが有利になります。先に計算したように$F=1\,125\,\mathrm{N}$なので，式 (5.6) より Tを求めてみると，$T=F\cos\theta$より

$$T=1\,125\times\cos 55^\circ=645\,\mathrm{N}$$

となります。これを式 (5.8) に代入して加速度を求めると

$$a=\frac{T}{m}=\frac{645}{94}=6.86\,\mathrm{m/s^2}$$

となります。つまり，スタートして1秒後には，6.86 m/s の速度になるということです。時速に換算すると 25 km/h です。実際の計測記録ではスタートしてから 10 m の地点での速度が 8.3 m/s となっています。上に述べた加速度で，10 m 走るのに 1.2 秒かかります。これから計算すると

$$6.86\times1.2=8.2\,\mathrm{m/s}$$

と求まるので，ほぼ運動方程式から得られる値と一致します。一瞬のフォームからウサイン・ボルト選手がどのくらいの力を出しているのか求め，速度を計算するとこの場合では 0.1 m/s の誤差で見積もることができました。つまりウサイン・ボルトは物理的に理にかなった走り方をしているといえます。

つぎに，蹴る角度に最適値はあるのか考えてみましょう。人間の体の形は，単純な球や立方体とは違って，腕や足を動かすことができるため，全体としての運動は非常に複雑になります。しかし，体の重心に着目すると，運動を単純化して考えることができます。重心の移動が地面と平行になるように，地面からの距離を保てば，蹴る力の垂直上向きの成分であるLはWと同じでなければならないことは，先に述べたとおりです。

この条件を満たした上で，蹴り出す角度を変えたとき，Fがどのようになるかを見積もってみましょう。

角度θが小さくなると，つまり重心よりも前方向に力の作用線が来ると，**図 5.4** に示すように，Fは大きくなります。これにともなって，推進力は式 (5.6) から$T=L/\tan\theta$と表されますから，これも大きくなります。作用線が重心の

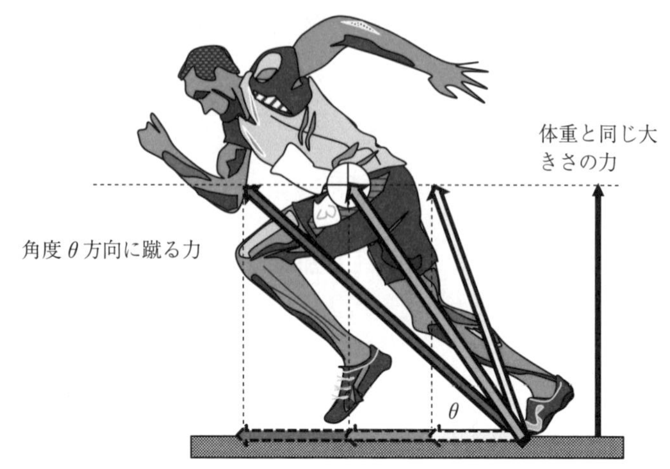

図 5.4　蹴る角度による影響

前方に来ると，重心周りのモーメント（物体に回転を生じさせるような力の性質を表す量）が働き，体を立てる方向に回転させる力となります。逆に，角度 θ が大きくなると，F は小さくなり，それとともに T も小さくなります。また，体を前かがみに傾くような回転モーメントが働くため，蹴る力が強すぎると前方向につんのめります。

では，F の限界はあるのかということについて考えてみましょう。足で地面に力を与えるとき，地面と平行になる方向の力の成分が後ろ向きにかかります。足が地面を滑らないために，図 5.4 に示すように，その後ろ向きの力に対抗しているのが，**摩擦力**です。いまの競技場ではスパイク付きのシューズを履くので，この摩擦力はスパイクが地面を滑らないように地面に引っ掛けておく力と思ってもよいでしょう。地面に対して水平方向の力である摩擦力 F_f は，地面に垂直な力の大きさに比例すると定義されます。その比例定数を μ と書きます。これを**摩擦係数**と呼びます。地面に垂直な力の大きさは

$$F_f = \mu L = \mu F \sin\theta \tag{5.9}$$

となります。これが，足先にかかる力 F の水平成分 $F\cos\theta$ に比べて大きければ滑らないので，その条件は $F_f \geqq F\cos\theta$ となり，書き換えると $\mu F\sin\theta \geqq F\cos\theta$

となります。整理すると，つぎの式 (5.10) になります。

$$\tan\theta \geqq \frac{1}{\mu} \quad \text{または} \quad \theta \geqq \tan^{-1}\left(\frac{1}{\mu}\right) \tag{5.10}$$

ここで，一般的なシューズの摩擦係数は $\mu=0.3$ ですので，これを式 (5.10) に代入すると，蹴る角度 θ は 73° 以上ということがわかります。摩擦係数が同じシューズを履いている場合には，鍛えた力を十分に地面に伝えるためには 73° 以上の角度で地面を蹴ることが重要ということになります。また，先の計算のように，55° とより小さな角度で蹴るためには，摩擦係数 $\mu=0.7$ と求められます。なお，このような大きな摩擦係数をもったシューズは現時点ではないので，スパイク付きのシューズを履くことになります。

例題 5.3　希望通りの加速をするための体の傾き角度

スタートから加速しているときの前傾姿勢について，**図 5.5** に示すモデルで考えてみましょう。

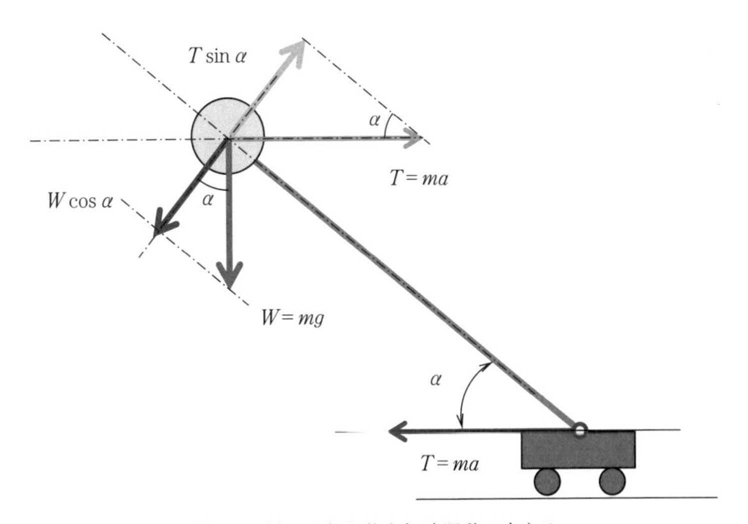

図 5.5　倒れそうな体を加速運動で支える

体を傾けていき，重心が立っている足の位置よりも前に来ると前に倒れることはだれもが経験するところでしょう。この状況で，体が図 5.5 に示すように，角度 α だけ傾いたとします。このとき，倒れる前方に加速運動することによって，慣性力

ma を重心にかけて釣り合わせます。そのときの重心にかかる力のバランスを考えます。図 5.5 に示すように，重心における体重および慣性力の体の軸に対する垂直成分の釣合い関係をみてみると，角度 α は重力加速度 g と走りの加速度 a との比から

$$\alpha = \tan^{-1}\left(\frac{g}{a}\right) \tag{5.11}$$

と表されます。すなわち，体を傾ける角度は質量（体重といい換えても構いません）とは無関係に，自分がほしい加速度だけで決まります。先に計算したように，ウサイン・ボルト選手の加速度が $a=6.86\ \mathrm{m/s^2}$ であったことから，式 (5.11) を使って，体の傾きは

$$\alpha = \tan^{-1}\left(\frac{9.8}{6.86}\right) = 55^\circ$$

と求まります。これは，図 5.2 から得た角度と一致します。

このことから，彼の蹴る力の方向が重心を向いていること，そして，体を倒すことで加速していることがわかります。なお，$\alpha=90^\circ$ は体が垂直に立っていることを意味します。このとき，加速度は $a=0$ で，これはマラソンなど一定の速度で走るときの様子を表しています。逆に，体を立てて走っているのを見たら，加減速をしていない等速走行であるということがわかります。 ◇

例題 5.4　**クラウチングスタートのときスターティングブロックの最適角度**

スタートするときには，スターティングブロックを使いますが，その角度を適切に選ぶと，蹴る力を加速に有効に使うことができます。**図 5.6** に示すように，必要な加速を得るために先に求めた $T=645\ \mathrm{N}$ を水平方向にかけることにしましょう。

体重を 94 kgf とすると，921 N です。図 5.6 に示す力の三角形から，二つの力のな

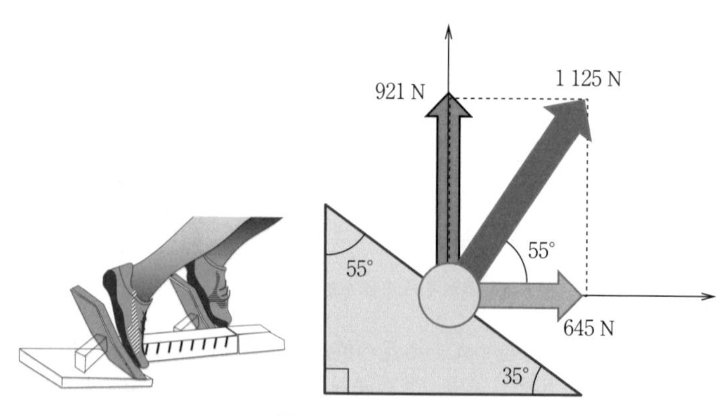

図 5.6　力の合成

す角度は55°と求まり，水平方向には，希望の加速ができることになります。合成力は三角形の斜辺の辺の長さの関係（三平方の定理）から，1 125 Nとなります。合成力がスターティングブロックの面に対して垂直になるよう，図5.6の場合では地面から35°（=90−55）の角度で設置し，面を垂直に蹴り出すと最も効率良くこの力を使うことができます。

なお，ウサイン・ボルトのスターティングブロックは地面から測って62°で設定されています。

自分の体重を考慮に入れながら，例えば，何秒で100 mを走りたいのかを計画すると，加速度はどのくらいで，一定速度は何m/sなのかということが算出できます。これによって，どれだけの加速が必要なのかがわかります。また，体の傾きや蹴る角度およびスターティングブロックの角度を決めると，力を有効に使って記録を伸ばすことができます。◇

例題5.5　**加速度と質量**

静止状態から1秒後には0.5 m/sの速度に達する加速度0.5 m/s^{2}で質量60 kgfの人を押す力で，倍の質量m=120 kgfの人を押すと加速度はいかほどになるか求めてみましょう。

力は$F=0.5\times 60=30$ Nです。これでm=120 kgfの人を押すので，加速度は$F=ma$よりaは

$$a=\frac{F}{m}=30\ \mathrm{N}\div 120\ \mathrm{kg}=0.25\ \mathrm{m/s^2}$$

となり質量が倍になったために加速度は半分となります。逆に，同じ加速度を得るのであれば質量が2倍になると力は倍必要となることがわかります。◇

例題5.6　**車椅子を押す**

静止している車椅子を約6 kgfの重りを持ち上げる力に相当する60 Nの力で押したら，2秒後にいかほどの速度となるか求めてみましょう。ただし，車椅子とそれに乗った人の合計質量はm=60 kgfとし，このとき抵抗はないものとします。

運動方程式$ma=F$より，加速度は

$$a=\frac{F}{m}=60\ \mathrm{N}\div 60\ \mathrm{kg}=1\ \mathrm{m/s^2}$$

と求まります。また，$a=dv/dt$=一定より，これを積分すると

$$\int_0^v dv=a\int_0^t dt$$

と速度を求めることができます。したがって，$v=at$より

$$v=1\,\mathrm{m/s^2}\times 2\,\mathrm{s}=2\,\mathrm{m/s}$$

となります。2倍の力で押すと，加速度が2倍となり，速度も2倍となることがわかります。 ◇

例題 5.7 チーターのスタートダッシュ

図 5.7 のように体重 50 kgf のチーターがスタートダッシュにおいて，後ろ脚を 30

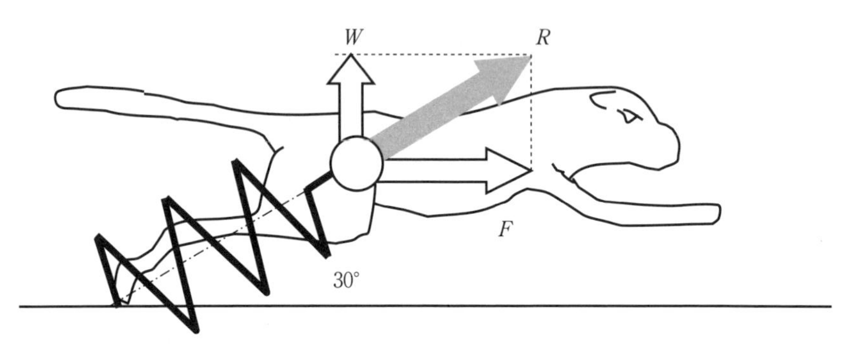

図 5.7　チーターのスタートダッシュ

cm 縮め，30° の方向に蹴りだしました。加速度から1秒後の速度を求めてみましょう。また，後ろ足をバネと見立てたときのバネ係数も求めてみましょう。

図 5.7 から，バネ（後ろ脚）で生み出す力を R で表すと，水平方向の力 F および垂直方向の力 W はつぎのように表されます。

$$F=R\cos 30^\circ=\frac{\sqrt{3}}{2}R,\quad W=R\sin 30^\circ=\frac{1}{2}R$$

$W=50\,\mathrm{kg}\times 9.8\,\mathrm{m/s^2}=490\,\mathrm{N}$ であるから，上式より，$R=2W=980\,\mathrm{N}$ である。したがって

$$F=\frac{\sqrt{3}}{2}R=849\,\mathrm{N}$$

です。運動方程式 $ma=F$ より，スタート時の加速度は

$$a=\frac{du}{dt}=\frac{F}{m}=\frac{849\,\mathrm{N}}{50\,\mathrm{kg}}=17\,\mathrm{m/s^2}$$

したがって，1秒後には 17 m/s＝61 km/h の速度となります。また，バネ係数は

$$k=\frac{R}{y}=\frac{980\,\mathrm{N}}{0.3\,\mathrm{m}}=3\,270\,\mathrm{N/m}=3.3\,\mathrm{kN/m}$$

となります。このバネに約 330 kgf の重りを載せると 1 m 縮んで釣り合います。またはもう少し現実的には，330 gf の重りを載せると 1 mm 縮むと換算すると，結構柔ら

かいバネだということがわかります。上述の合力 $R=980\,\mathrm{N}$ を出すためには逆算すると 0.3 m 縮めることがわかります（このことからバネ係数を算出したので，当然この結果になりますね）。◇

5.2 綱引きの力学

図 5.8 のように綱を引きあってそのままの姿勢を保っている状況を考えてみましょう。左右両側の人の体重が W_1，W_2 であり，体の角度がそれぞれ θ_1，θ_2 であるとき，綱にかかる**張力**を求めてみましょう。

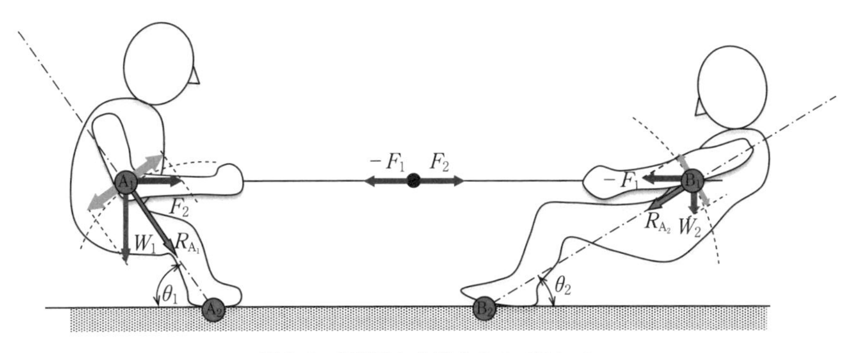

図 5.8　綱引きにおける力のバランス

図 5.8 に示すように，ロープの延長線は左側の人の重心 A_1 と，右側の人の重心 B_1 を通るものとします。また，足が地面と接している点で足側の点をそれぞれ A_2，B_2 とします。線分 A_1A_2 と地面とがなす角度を θ_1，線分 B1B2 と地面とがなす角度を θ_2 とします。左側の人がロープを引く力を F_1，右側の人のものを F_2 とします。この姿勢のまま動かないので，ロープも左右どちらにも動きません。したがって，これらの引張る力は釣り合っていますから $F_1=F_2$ です。どちらの張力も同じ値となるので，以下添字 1，2 を省略して F で表しましょう。

まず，A_1 における力の釣合いをみてみましょう。点 A_1 には張力点 A_1 が点 A_2 を中心とした円運動を行わないためには，図 5.8 から W_1 および F_2 の円弧

の接線方向成分が釣り合っていなければならないことから

$$W_1\cos\theta_1 = F\sin\theta_1 \tag{5.12}$$

でなければなりません。点 A_2 へ向かう方向の合力 R_{A1} は W_1 と F_2 から

$$R_{A1} = \sqrt{W_1^2 + F^2}$$

です。また，W_1 と F_2 がなす角度は θ_1 ですから

$$\tan\theta_1 = \frac{W_1}{F} \tag{5.13}$$

と表されます。

なお，点 A_1 が A_2 に向かって動いていかないためには，A_2 と接している地面からの反力と釣り合っていなければなりません。足裏（A_2）に作用する力の水平方向成分だけを取り出したものを**図 5.9** に示します。A_2 にはロープで引張られる力 $F_2 = F$ が作用しています。また，これに対抗する力として，方向が逆の力すなわち抵抗力 F_{1D} が作用しています。点 A_2 が動かないことから，これらも釣合いの状態にあるので

$$F = F_{1D}$$

です。なお，F_{1D} は $F_{1D} \leqq F_{1f}$ です。F_{1f} は摩擦係数 μ とすると

$$F_{1f} = \mu W_1$$

と表されます。したがって，点 A2 が静止している条件は

$$F = F_{1D} \leqq F_{1f} = \mu W_1$$

$$\therefore \quad F \leqq \mu W_1 \tag{5.14}$$

です。摩擦力より引張られる力 F が大きい場合には A_2 が F_2 の方向（右側の人のほう）に移動する，すなわち，滑るということになります。したがって，静止させておける最大の引張り力は $F = \mu W_1$ ということになります。同様に

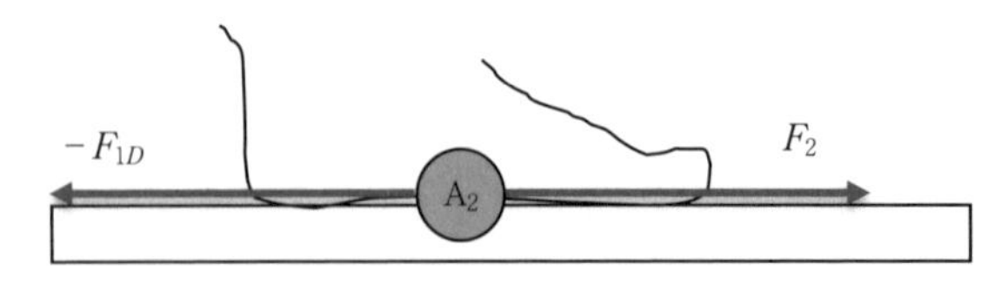

図 5.9　足裏にかかる力のバランス

B_1，B_2 の各点においても同様の議論ができ，右側の人が滑らない最大の引張り力は $F=\mu W_2$ です。

ロープの中央における両者からの張力は釣り合っているので，$F_1=F_2$ ですから，$F_2=W_1/\tan\theta_1$，$F_1=W_2/\tan\theta_2$ より

$$\frac{W_1}{W_2}=\frac{\tan\theta_1}{\tan\theta_2} \tag{5.15}$$

となります。もし，$\theta_1=60°$，$\theta_2=30°$ であれば

$$\frac{W_1}{W_2}=\frac{\tan 60°}{\tan 30°}=3$$

ですから，左の人の体重 W_1 が右の人の体重 W_2 の 3 倍であるときにこれらの傾き角となることがわかります。逆に，体重差があるときに釣り合うためにはこのような角度を取る必要があるということです。

つぎに，この状態のときの張力を求めてみましょう。$W_2=60\ \mathrm{kgf}$ であれば，$W_1=180\ \mathrm{kgf}$ であり，張力は

$$F_1=F_2=\frac{W_2}{\tan\theta_2}=\frac{60\ \mathrm{kgf}}{\tan 60°}=35\ \mathrm{kgf}=343\ \mathrm{N}$$

です。なお，摩擦係数 $\mu=0.7$ とすると

$$F_{1f}=\mu W_1=0.7\times 180\ \mathrm{kgf}=126\ \mathrm{kgf}=1\,235\ \mathrm{N}$$

$$F_{2f}=\mu W_2=0.7\times 60\ \mathrm{kgf}=42\ \mathrm{kgf}=412\ \mathrm{N}$$

です。張力は摩擦力より小さいので，どちらの人も滑らずに静止していることになります。

もし,釣合い条件を保ったまま,右の人が滑らないように体を傾けたとすると

$$F_2=\frac{W_1}{\tan\theta_1}=\mu W_1=0.7\times 180\ \mathrm{kgf}=126\ \mathrm{kgf}=1\,235\ \mathrm{N}$$

より，$\theta_1=55°$ と求まります。このときの張力と釣り合うように今度は右側の人は体を傾けねばなりません。傾き角度は

$$F_1=\frac{60\ \mathrm{kgf}}{\tan\theta_2}=1\,235\ \mathrm{N}$$

より，$\theta_2=25°$ となります。ところが，右側の人がどんなに頑張っても，引張

られる力が点 B_2 における静止摩擦力（412 N）を上回るので，25° の傾きを保ったまま足元が滑ってしまいます。綱引きでは体重の重いほうが有利であり，静止摩擦係数の高いシューズを履いたほうが有利だということがわかります。

例題 5.8　**強風の中で体を傾ける**

体重 60 kgf の人が風速 $U=20\,\mathrm{m/s}$ の風の中で体を傾けて立っています（図 **5.10**）。風による抵抗 D が

$$D=C_D\frac{1}{2}\rho U^2 A$$

で与えられるものとして，傾き角度を求めてみましょう。なお，A は体の投影面積で，$A=0.7\,\mathrm{m}^2$ としましょう。また，ρ は空気の密度であり，$\rho=1.2\,\mathrm{kg/m^3}$ とし，抵抗係数を $C_D=1.0$ として計算します。

綱引きでほかの人が引く代わりに風が抗力 D で引張っていると考えれば，点 B1 における力の釣合いから

$$W_B\cos\theta_B=D\sin\theta_B$$

また，W_B と D がなす角度は θ_B であるから

$$\tan\theta_B=\frac{W_B}{D}$$

です。したがって

$$\theta_B=\tan^{-1}\frac{W_B}{D}=\tan^{-1}\left(\frac{W_B}{C_D\frac{1}{2}\rho U^2 A}\right)=\tan^{-1}\left(\frac{60\times 9.8}{1.0\times\frac{1}{2}\times 1.2\times 20^2\times 0.7}\right)$$

$$=74°$$

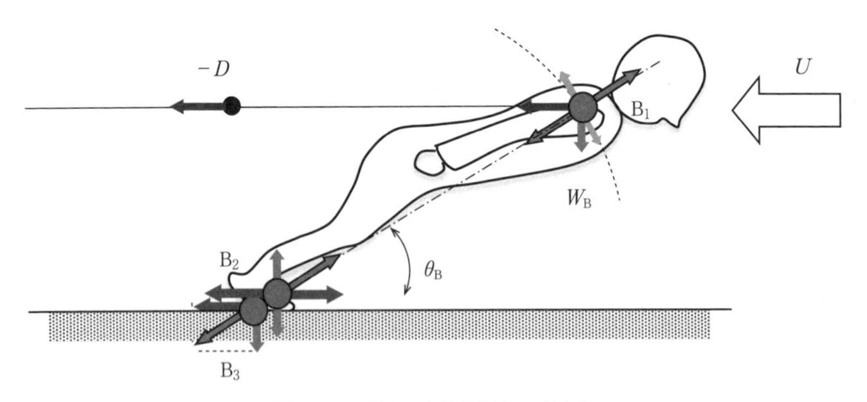

図 5.10　強風の中体を倒して支える

と求まります。

もし，風速が倍の 40 m/s^2 になったときのことを考えてみましょう。上述と同様に計算すると，傾き角度は 41° となります。風速が速くなると体を深く傾けないと釣合いが取れないことがわかります。また，スキーのジャンプ競技において，時速 100 km/h で飛び出すとき，秒速に換算すると 27 m/s であるので，同様に計算すると，傾き角度は 62° となります。◇

5.3 泳 ぐ 物 理

競泳で 100 m を 50 秒で泳ぐ人が 1/100 秒縮めることを考えてみましょう。泳ぐ速度は $u=100/50=2$ m/s です。タイムで 1/100 秒縮めるときの速度は 100 m を 49.99 s で泳ぐことだから

$$\frac{100\ \text{m}}{49.99\ \text{s}}=2.0004\ \text{m/s}$$

となります。速度が 2 m/s ということは 1 秒間に 2 m 進むのに対して，速度が 2.0004 m/s というのは 1 秒間に 2.0004 m 進むことです。この小数点以下の 0.0004 m というのは 0.4 mm もしくは 400 μm です。たった 0.4 mm! と思うかもしれませんが，選手たちにとってはこのたった 0.4 mm が大きな距離であり，1 秒間に進む距離にこれを上乗せできるようしのぎを削っています。すなわち，目標は 1 秒間に進む距離を 0.4 mm 伸ばすことです。

5.3.1 選手にかかる力

さて，一定速度で泳ぐときに，選手にかかる力を考えてみましょう。

図 5.11 に示すように，進める力（T：**推力**）と押し戻す力（D：**抵抗**）が釣り合っている状態で**等速運動**となります。また，垂直方向では，体重（W：**重力**）と浮かす力（B：**浮力**）が釣り合っているので一定位置（深さ）を保ちます。したがって，x および y 軸の方向にプラスをとって表現すると

$$(-T)+D=0 \qquad \therefore \quad T=D$$

$$(-W)+B=0 \qquad \therefore \quad W=B$$

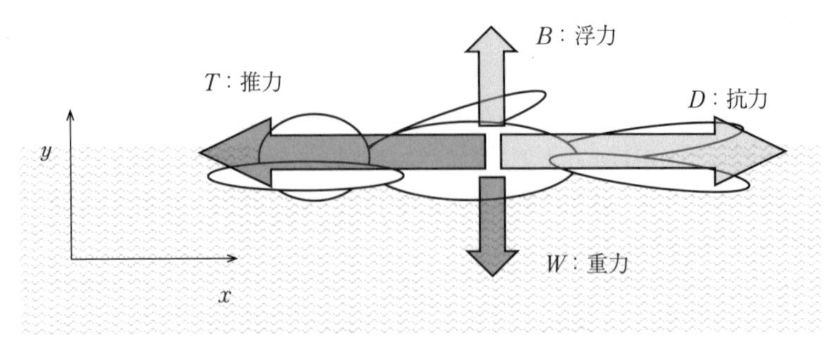

図 5.11　水泳時に作用する力のバランス

となります。

水泳時に作用する抵抗には以下に示す種類のものがあります。

形状抵抗（圧力抵抗）：$D_p = C_D \times \left(\frac{1}{2}\right)\rho u^2 \times A$　(5.16)

摩擦抵抗：$D_f = C_f \times \left(\frac{1}{2}\right)\rho u^2 \times S$　(5.17)

造波抵抗：$D_W = \rho g h \times A = C_W \times \left(\frac{1}{2}\right)\rho u^2 \times S$　(5.18)

まず，波の形状と人の形状を**図 5.12** に示すように，単純な形状の組合せで表現しましょう。造波抵抗の式中の h は波の頂上から頭の中心までの距離となります。したがって，波が高いと h は大きくなります。造波抵抗は水面に浮かんで移動する物体が波を作り出すために必要な力を水に与えたその反力と

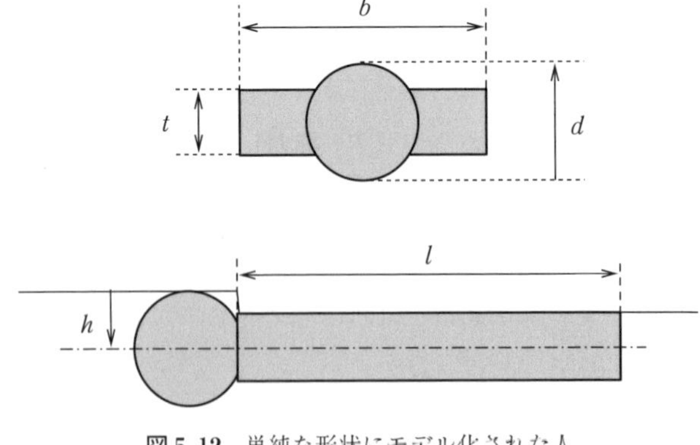

図 5.12　単純な形状にモデル化された人

して水から受ける抵抗であり，その水深における圧力が面積 A に作用しているものとします。また，A は頭の頂上から体軸方向を見たときの投影面積で，頭を直径 d，体（頭頂から見たときの肩）の厚さを t，肩幅を b としたとき

$$A = tb - t\left(\frac{d}{2}\right)\sqrt{1-\left(\frac{t}{d}\right)^2} + \left\{\pi - 2\sin^{-1}\left(\frac{t}{d}\right)\right\}\left(\frac{d}{2}\right)^2$$

で表されます。S は表面積なので，頭は直径 d の球の表面積と体は手足を含めて図 5.12 のように長さ l の直方体としたときの表面積の和とします。したがって

$$S = 4\pi\left(\frac{d}{2}\right)^2 + 2tb + 2(t+b)l$$

寸法を $t = 0.15$ m，$b = 0.4$ m，$l = 1$ m，$d = 0.2$ m とすると，$A = 0.06\ \mathrm{m}^2$，$S = 1.35\ \mathrm{m}^2$ となります。

C_D を 1.0，C_f を 0.004 とし，造波抵抗係数 C_W を 0.03 とします。これらの数値と $u = 2$ m/s をそれぞれに代入すると

形状抵抗（圧力抵抗）：$D_p = 120$ N

摩擦抵抗：$D_f = 11$ N

造波抵抗：$D_W = 81$ N

と求められ，したがって全抵抗

$$D = 120 + 11 + 81 = 212\ \mathrm{N}$$

となります。一定速度で進んでいるときには $T = D$ となるので，$T = 212$ N です。これに速度をかけると推進のための仕事率となるので，この選手は

$$212\ \mathrm{N} \times 2\ \mathrm{m/s} = 424\ \mathrm{W} = 0.58\ \mathrm{PS}$$

のパワーで推進していることになります。

ここで全抵抗 212 N の内訳をみると形状抵抗 57 %，摩擦抵抗 5 %，造波抵抗 38 % であり，形から受ける形状抵抗と波を立てることに起因する造波抵抗が大きいことがわかります。

さて，1/100 秒タイムを縮めるためには，先の例より若干速い $u = 2.0004$ m/s の速度で泳ぐことになります。上述と同様に計算すると 424.25 W となり，0.25 W だけパワーが余分に必要となることがわかります。通常では筋力

を上げることで対応することになります。

工学的にはどうすれば1/100秒縮める工夫ができるか考えてみます。体にエンジンを埋め込み推力を上げるわけにもいかないので，抵抗を下げることで余剰パワーを生み出すことになります。必要な推進力は抵抗力と釣り合わせるためのものですから，もう一度書きなおすと

$$T=D=D_p+D_f+D_W=(C_DA+C_fS+C_WS)\times\left(\frac{1}{2}\right)\rho u^2=K\left(\frac{1}{2}\right)\rho u^2 \tag{5.19}$$

となります。ここで，Kはつぎのように各抵抗係数と面積の積の和です。

$$K=C_DA+C_fS+C_WS$$

いま，uを$u^*=u+du$に増加させたとします。そのときのものに＊（アスタリスク）を付けることにします。このとき必要な推力は

$$T^*=D^*=D_p{}^*+D_f{}^*+D_W{}^*=(C_D{}^*A^*+C_f{}^*S^*+C_W{}^*S^*)\times\left(\frac{1}{2}\right)\rho u^{*2}$$
$$=K^*\left(\frac{1}{2}\right)\rho u^{*2}$$

です。これら二つの比をとると

$$\frac{T^*}{T}=\frac{K^*}{K}\left(\frac{u^*}{u}\right)^2 \tag{5.20}$$

と表されます。パワーの比は

$$\frac{P^*}{P}=\frac{T^*u^*}{Tu}=\frac{K^*}{K}\left(\frac{u^*}{u}\right)^3 \tag{5.21}$$

となります。もし，速度を上げるのに，抵抗係数が同じだとすると，すなわち$K^*/K=1$とすると，パワーを上げねばならないことがわかります。式(5.21)より，パワーは速度の3乗で表されるので，速度を2.000 4/2.000 0倍にするにはパワーを1.000 6倍にしなければなりません。先の例でいうと424Wから424.25Wにしなければならないことがわかります。

逆に，パワーが先の424Wのままだとすると，すなわち，$P^*/P=1$とすればK^*/Kはつぎのようにしなければなりません。

$$\frac{K^*}{K}=\left(\frac{u}{u^*}\right)^3$$

1/100秒縮めるには，速度を2 m/sから2.000 4 m/sにしなければならないので

$$\frac{K^*}{K}=\left(\frac{u}{u^*}\right)^3=\left(\frac{2}{2.000\,4}\right)^3=0.999\,4$$

となり，すなわち，0.06 %抵抗を下げれば前と同じパワーであっても100 mで1/100秒速く泳げることになります。これが工学的に現実的な方法です。

5.3.2 抵抗低減の仕方

〔1〕 摩擦抵抗を下げる

上述のように抵抗全体で0.06 %の低減をするのに，摩擦抵抗だけを下げるとしたら，どのようにすればよいか考えてみます。摩擦以外は同じとし，求める摩擦抵抗にアスタリスクを付けて表すと

$$K^*=(C_DA+C_f{}^*S^*+C_WS)=0.999\,4\mathrm{K}=0.999\,4(C_DA+C_fS+C_WS)$$

$$\therefore\quad C_f{}^*S^*=0.999\,4C_fS-0.000\,6(C_DA+C_WS)$$

$C_D=1.0$，$C_f=0.004$，$C_W=0.03$，$S=1.35\ \mathrm{m}^2$，$A=0.06\ \mathrm{m}^2$を代入すると

$$\therefore\quad \frac{C_f{}^*S^*}{C_fS}=0.999\,4-0.000\,6\times\frac{(C_DA+C_WS)}{C_fS}=0.988$$

となり，摩擦抵抗をもとの98.8 %にすればよいことがわかります。つまり，1.2 %の摩擦抵抗低減が達成できれば，1/100秒タイムを縮めることができる計算です。

ここで，サメ肌素材は8 %の摩擦抵抗低減があることがわかっています。すなわち水着面積が同じであればサメ肌水着を付けると摩擦抵抗はもとの92 %になるので，サメ肌水着を使った8 %の摩擦抵抗低減では，$K^*/K=0.996$となります。すなわち，抵抗全体を0.4 %下げることができるのです。このとき，速度は2.003 m/sとなり，7/100秒のタイム短縮となります。

競泳中の速度境界層は**乱流境界層**です。遊泳中の体表面近くの流れを**境界層**

流れといいます。その流れには速度の変動がない**層流境界層**と，流れの乱れのために速度が変動する乱流境界層があります。層流境界層と乱流境界層では壁面との擦れ具合が違うために，乱流境界層のほうが摩擦抵抗は大きくなります。遊泳中ではこの乱流境界層が体全体を覆うので，摩擦抵抗が大きくなります。もし，層流境界層にできる（再層流化させる）とすれば，速度分布が乱流型から層流型に変わるので，速度勾配が小さくなり壁面摩擦抵抗を1/4，つまり25％にすることができます。すなわち，摩擦抵抗を75％低減することができます。これによって，上述の例では6/100秒短縮できることになります。再層流化させる一つの方法は流れ方向に対する圧力勾配が正，すなわち流れ方向に対して圧力が増加するようにします。**管路**でいうと**ディフューザ**（**拡大管**）に相当します。このためには頭から足先にかけて，細くなっていく形状であれば再層流化が望めます。例えば，マグロの尾ひれの根元にかけて細くなっていくような形状です。マグロの体高Hを体長Lで割った値（H/L）を調べると，マグロでは0.3です。この値が0.25付近で抵抗係数が最小となることから，マグロの体型は低抵抗であることがわかります。

拡大管の流れでは最適なアスペクト比（AR）が実験的に求められています。例えば，人の代表長さが1.0mとすると，圧力回復が最大となるのはAR=2のときです。すなわち，流れの断面寸法が流れ方向に2倍，面積比では4倍となるとき，最大圧力回復が得られます。競泳選手でいえば，肩幅と足先幅の比が0.5となればよいことがわかります。

ただし，この方法は体周りの流れの速度全体を減速させるために，後で述べる形状抵抗の増加となります。摩擦を下げるという点ではよいのですが，その代わりに形状抵抗が増加するのでトレードオフの関係にある点に注意しなければなりません。

〔2〕 形状抵抗を下げる

形状抵抗は物体表面に作用する圧力の分布に起因する抵抗です。このため，圧力抵抗と呼ばれたり，圧力分布が物体形状に依存するため，形状抵抗と呼ばれたりします。

形状抵抗の定義から，速度を変えないとして形状抵抗を小さくするためには 1）投影面積を小さくする，2）抵抗係数を小さくすることです。頭の頂上から見た体の投影面積を小さくするには，肩幅が小さくスリムな体型であることです。体全体が流線型になることですが，マグロの体型のように体高と体長の比が 0.25 となることでも抵抗が小さくなります。

ちなみに，流線形物体に対して，円柱に代表されるはく離を伴う物体を**鈍い物体**と呼びます。このような形状の抵抗係数を小さくするためには物体後端において十分に圧力回復できるような形とすることです。鈍い物体のはく離を抑制する代表的なものとして，ゴルフボールの表面に付けられたディンプルと呼ばれる窪（くぼ）みがあります。これやトリッピングワイヤーによって，**図 5.13** に示すように壁面近くの流れを乱流にし，主流から運動エネルギーが壁面近くに入り込み，はく離点が物体後端方向にずれる効果を生み出します。

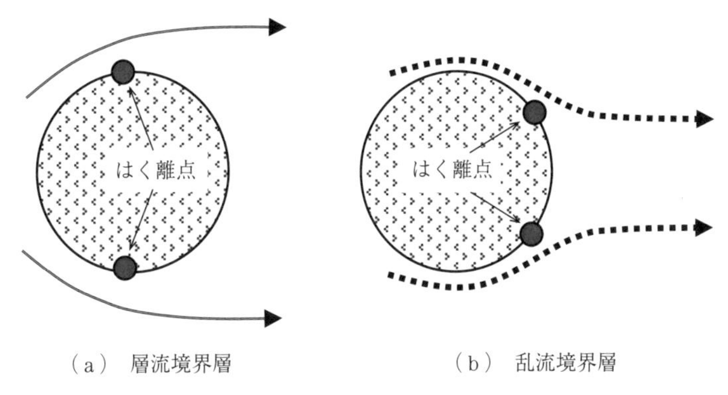

（a） 層流境界層　　（b） 乱流境界層

図 5.13 層流境界層と乱流境界層におけるはく離点の違い

これを応用して，スピードスケートの選手の頭を覆うフード前方部にステッチとして盛り上げたトリッピングワイヤーを前方部に取り付けたり，飛行機の翼の前縁付近に突起物（ボルテックスジェネレータ）や粗さを付けたりします。これらによりはく離を遅らせ，形状抵抗を減らすようにしています。球体の場合，通常の C_D 値は 0.47 ですが，はく離防止策を施すと，それが 0.1 程度に減少します。すなわち元の値の 20 %程度になるのです。なお，円柱の場合は36％程度になります。これらのことから，抵抗を下げる方策としてはく離位置を後方にずらすことは有効であることがわかります。

前述と同様な議論をしてみましょう。1/100秒のタイム短縮のために，抵抗全体で0.06％の低減をするのに，形状抵抗だけを下げるとしたら，どのようにすればよいか考えます。形状抵抗以外は同じとし，求める形状抵抗にアスタリスク*を付けて表し，先の例の値（$C_D=1.0$，$C_f=0.004$，$C_W=0.03$，$S=1.35\,\mathrm{m}^2$，$A=0.06\,\mathrm{m}^2$）を使うと

$$\therefore\quad \frac{C_D{}^* A^*}{C_D A}=0.999\,4-0.000\,6\frac{(C_f S+C_W S)}{C_D A}=0.999$$

となり，形状抵抗を元の99.9％にすればよいことがわかります。つまり，0.1％の形状抵抗低減が達成できれば，1/100秒タイムを縮めることができるのです。

投影面積を変化させずに（$A^*=A$），上述のはく離防止策を施し，抵抗係数$C_D{}^*$が元の20％になったとすると，$K^*/K=0.547$となります。すなわち，抵抗全体を45.3％下げることができます。このとき，速度は2.446 m/sとなり，100 mを40.89秒で泳ぐことになり，すなわち9.11秒のタイム短縮となります。

もし，理想的に形状抵抗を0とすることができたとすると

$$\frac{K^*}{K}=0.433=\left(\frac{u}{u^*}\right)^3$$

$$\therefore\quad u^*=1.322u=2.644\ \mathrm{m/s}$$

となり，速度は2.644 m/sとなります。すなわち，100 mを37.82秒で泳ぐことになり，12.17秒の短縮となるのです。このことから，形状抵抗低減の効果がいかに大きいかがわかります。すなわち，競泳者にかかる全抵抗の形状抵抗が占める割合が大きい（57％）ために，これを抑えることの効果が大きいということです。

さて，形状抵抗を小さくする方策として，1）形状抵抗係数が同じで，すなわち投影形状を変えずに，投影面積を小さくする，2）投影面積が同じで形状

抵抗係数を下げる，があります。一つの方法として，もし形状（体型）が変わらないとすると，$C_D{}^* = C_D$ ですから，$A^* = 0.999A$ となれば達成できます。すなわち，投影形状が円であれば直径比を $d^*/d = \sqrt{0.999} \fallingdotseq 0.999$ にすればよいので，例えば，直径 50 cm を 49.9 cm にすることになります。ほんのわずかだけスリムになればよいことを意味しています。二つ目の方法として，投影面積を変えずに形状抵抗係数を下げる工夫として，円形のように角がない形状にすることです。また，周の長さが短くなるようにしたほうがいいので，投影形状を円にします。また，圧力回復が緩やかとなるように，肩を越えた流れが緩やかに広がる形状とします。円筒形状のボディに円錐の後部を付けて滑らかに後方に流れていくようにすると，$C_D = 0.76$ から 0.09 に下がります。したがって，形状抵抗は元の 12 %となることがわかります。もし，このような低減ができたとすると，$K^*/K = 0.501$ となるので，上述と同様の計算をすると 10.30 秒タイムを縮めることができることがわかります。

1 秒タイムを縮めようとするならば，100 m を 49 秒で泳ぐことになるので，速度は 2.041 m/s となります。抵抗低減で実現するためには

$$\frac{K^*}{K} = \left(\frac{u}{u^*}\right)^3 = \left(\frac{2}{2.041}\right)^3 = 0.941$$

$$\therefore \quad \frac{C_D{}^* A^*}{C_D A} = 0.941 - 0.059 \frac{(C_f S + C_W S)}{C_D A} = 0.896$$

すなわち，形状抵抗を元の 89.6 %にすればよいので，10.4 %の形状抵抗低減ができるものを探さねばなりません。

〔3〕 **造波抵抗を下げる**

造波抵抗が競泳者にかかる抵抗全体に占める割合は 38 %です。したがって，この低減は大きな効果が期待できます。前述と同様な議論をしてみましょう。1/100 秒のタイム短縮のために，抵抗全体で 0.06 %の低減をするのに，造波抵抗だけを下げるとしたら，どのようにすればよいか。造波抵抗以外は同じとし，求める造波抵抗にアスタリスクを付けて表し，先の例の値（$C_D = 1.0$，$C_f = 0.004$，$C_W = 0.03$，$S = 1.35\ \mathrm{m}^2$，$A = 0.06\ \mathrm{m}^2$）を使うと

$$\therefore \quad \frac{C_W^{\ *} S^*}{C_W S} = 0.9994 - 0.0006 \frac{(C_D A + C_f S)}{C_W S} = 0.998$$

となり，造波抵抗を元の 99.8 %にすればよいことがわかります。つまり，0.2 %の造波抵抗低減が達成できれば，1/100 秒タイムを縮めることができます。

具体的には頭の前面にできる波の高さを低くすることです。波の高さが例えば 20 cm から 19 cm に 1 cm 低くなった場合

$$\frac{C_W^{\ *} S^*}{C_W S} = \frac{19}{20} = 0.95$$

これまで使用してきた数値を用いると

$$\frac{K^*}{K} = 0.981 = \left(\frac{u}{u^*}\right)^3 = \left(\frac{2}{2.031}\right)^3$$

したがって，$u^* = 2.013\ \mathrm{m/s}$，すなわち 100 m を 49.68 秒で泳ぐことになり，0.32 秒タイムを短縮できることがわかります。

5.3.3　手のかきによる推進力

手のひらで水を押してその反動で前に進む，**図 5.14** のような状況を考えましょう。

例えば，水面を思いっきり手のひらで叩いたとき，水面はあたかも硬いもののように感じると思います。逆に，ゆっくりと水面を押すとズブズブと手のひらは水中に入ってしまいますね。これは慣性の法則で，静止している水面を急

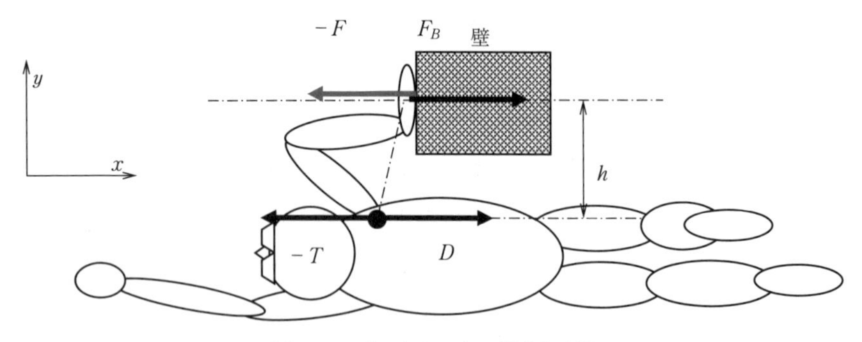

図 5.14　手のかきによる推進力取得

激に叩いても水面は止まっていようとするからです。したがって，水中で水をかくときも，これと同じようにして手のひらで水面を叩くように急に動かすと図 5.14 に示すように水中にあたかも壁を作ることができます。それを手のひらで F_B の力で x の正方向に押します。慣性の法則より急に水を肩の付け根で腕を回転させ，肩から手のひらまでの距離 h を保ったまま手のひらを x 軸と平行に移動させます。壁は動かないものとします。押した手のひらには壁からの反力 $-F$ が作用します。したがって，$F_B+(-F)=0$ ですから，$F_B=F$ です。すなわち，手のひらが押した方向と逆方向（x の負方向）に F_B と大きさが等しい力 F が壁から手のひらに作用反作用の法則にのっとって作用します。この F は手のひらがある速度で動くときの水との相対速度 u_r の二乗に比例する力，すなわち抗力 D_{palm} です。したがって

$$-F=-D_{palm}=-C_D\frac{1}{2}\rho u_r|u_r|A \tag{5.22}$$

で与えられます。静止流体中ですと，$U=0$ です。したがって，$u_r=0-u_p=-u_p$ です。これより次式のようになります。

$$-T=C_D\frac{1}{2}\rho u_p^2 A \tag{5.23}$$

C_D は手のひらの抵抗係数，A は手のひらの水を押す方向への投影面積です。すなわち，大きな推力を得ようとすれば C_D と A が大きな形のものを使い，手のひらを動かす速度は速いほうがよいことになります。

腕全体に作用する力の釣合いから，$-T+F_B=0$ です。すなわち，肩の付け根に作用する前進方向の力（推力）は手のひらで壁を押した力の大きさと等しくなります。体全体の質量を m〔kg〕とし，体の移動速度を $-u_{body}$ とします（この場合 x の負の方向に進む速度であるから負符号）。これより，体の運動方程式は

$$m\frac{d(-u_{body})}{dt}=-T+D \tag{5.24}$$

です。ここに，D は体が受ける抵抗です。したがって，$-T+D<0$ であれば推力が抵抗を上回るので，体は x 軸の負の方向，すなわち前進方向に加速す

ることになります。

肩を支点として h の距離に F_B の力を作用させるために，支点周りのモーメントは

$$M = h \times F_B \ \text{〔Nm = J〕} \tag{5.25}$$

角速度 ω でパワーストローク（後方にかく動作）を行うとすれば，回転に使う動力 L は

$$L = M\omega = hF_B\omega \ \text{〔W〕} \tag{5.26}$$

と表されます。また，手のひらの速度は角速度から $u_p = h\omega$ であるから，これを使って，動力 L を表すと

$$L = hF_B\left(\frac{u_p}{h}\right) = F_B u_p \ \text{〔W〕} \tag{5.27}$$

すなわち，手のひらの移動速度が大きいと必要動力も大きくなることがわかります。

例題 5.9　**手のひらで出すパワー**

上述のストロークで静止状態から 1 秒後に 2 m/s の速度を進行方向に出すために必要な力と動力を求めてみましょう。体重（質量）60 kg，肩の支点から手のひらまでの距離を 0.2 m とします。また，2 m/s で水中を移動するときの抵抗は 95 N とします。

加速度は

$$\frac{d(-u)}{dt} = \frac{(-2)-0}{1} = -2 \ \text{m/s}^2$$

です。したがって，推力と抵抗力の合力は

$$-T + D = m(-u)/dt = 60 \times (-2) = -120 \ \text{N}$$

したがって，抵抗力 $D = 95$ N であるので推力 $-T$ は

$$-T = -120 - D = -120 - 95 = -215 \ \text{N}$$

となります。手のひらで押す力は $F_B = T$ ですから $F_B = 215$ N となります。

この力で流体を押すのに必要な動力 L は

$$L = F_B u_p = 215 \times 2 = 430 \ W$$

角速度は $u_p = h\omega$ より

$$\omega = \frac{2}{0.2} = 10 \ \text{rad/s}$$

すなわち，パワーストロークに $\pi/10=0.31$ 秒かける速度で手を動かすことになります。 ◇

例題 5.10 流れの中で水を押す

図 5.14 に示す壁に相当する部分が u_w〔m/s〕で x の正方向に移動しているとするとどうなるか考えてみましょう。体は負方向に等速度 u_{body} で移動しているものとします。

手のひらと壁との相対速度は $u_r=u_w-u_p$ で表されます。体が $-u_{body}$ で移動しているので，体に載った座標からみると人が動かさねばならない手のひらの速度は

$$u_{rp}=u_p-(-u_{body})=u_p+u_{body}$$

これより $u_p=u_{rp}-u_{body}$ です。したがって

$$u_r=u_w-u_p=u_w-(u_{rp}-u_{body})=u_w-u_{rp}+u_{body} \tag{5.28}$$

となります。このような状況で流体を押すためには u_r は負とならねばならないので，上式より，$u_w-u_{rp}+u_{body}<0$ の関係となります。したがって

$$u_{rp}>u_w+u_{body} \tag{5.29}$$

という関係が得られます。手のひらの速度は壁の移動速度（水の流れの速度）とその流れに逆らって移動する体の速度との和より速い速度で移動させねばならないことがわかります。例えば，水流 1 m/s の中をそれに逆らって，2 m/s で泳ぐとすると，手のひらの速度は 1+2=3 m/s 以上で動かさないと推進力を得られないということです。 ◇

例題 5.11 加速運動と付加質量

静止した水の中で，寸法 0.2×0.2 の正方形板を 0.1 秒後に 1 m/s の速度になるように動かしたとしましょう。板の質量を $m=0.1$ kg として，この板の加速に必要な力を見積もってみましょう。

加速度 a は

$$a=\frac{1-0}{0.1}=10\ \mathrm{m/s^2}$$

と求まります。板だけであれば，これに質量をかけると力は

$$0.1\times10=1.0\ \mathrm{N}$$

と求まりますが，板の加速とともに周囲流体も加速しなければならないので，その分余計に力が必要です。この余分に動かす流体部分の質量を付加質量といい，m' で表します。その付加質量 m' は正方形板の場合，1 辺の長さを $2b$ とすると

$$m'=0.478\pi\rho b^3$$

です。この板は $2b=0.2\,m$ なので，$b=0.1$ です。これと水の密度 $\rho=1\,000\,\mathrm{kg/m^3}$ を代入すると

$$m'=0.478\times\pi\times1\,000\times0.1^3=1.5\,\mathrm{kg}$$

と求まります。したがって，加速に必要な力 F は

$$F=(m+m')\times a=(0.1+1.5)\times10=16\,\mathrm{N}$$

と求まります。板だけを動かす力の15倍もの力をかけないと水の中で板を動かせないことになります。もちろんこのことは空気中でも同じことなのですが，空気の密度が水のほぼ1/1 000なので空気の付加質量は1.5 gとなり，小さいのでこれを無視しているだけなのです。ちなみに，同じ板を空気中で動かす場合には

$$F=(m+m')\times a=(0.1+0.001\,5)\times10=1.0\,\mathrm{N}$$

です。ほぼ板の運動だけを考えればよいことがわかります。

この後，1 m/sの一定速度で動かすとすれば，抵抗は

$$D=C_D\frac{1}{2}\rho u^2A=1.14\times0.5\times1\,000\times1^2\times(0.2\times0.2)=23\,\mathrm{N}$$

ですから，これと同じ力を与え続けることになります。

同じ面積をもつ円板だとどうなるか考えてみましょう。正方形と同じ面積の円板の半径は $(2b)^2=\pi r^2$ より，$r=2b/\pi^{\frac{1}{2}}$ です。円板の付加質量は $\frac{8}{3}\rho u^3$ で表されますから

$$m'=\frac{8}{3}\times1\,000\times\left(2\times\frac{0.1}{\pi^{\frac{1}{2}}}\right)^3=3.8\,\mathrm{kg}$$

となります。正方形板に比べると約2.5倍もの水を動かす必要があることがわかります。したがって，力は

$$F=(m+m')\times a=(0.1+3.8)\times10=39\,\mathrm{N}$$

と求められます。また，一定速度のときは

$$D=C_D\frac{1}{2}\rho u^2A=1.12\times0.5\times1\,000\times1^2\times\left(\pi\times\frac{0.2^2}{\pi}\right)=22\,\mathrm{N}$$

となります。同じ面積をもった板でもその形状により動かすときに必要な力が異なります。**図5.15**に示すように水泳で手のひらを閉じるより，指一本分の隙間ができるよう開いて水をかいたほうが大きな力を与えられます。この根拠は，指と指の間を流れる流れの抵抗が大きく，つまり，流れにくいため指を開いた分流れに面する手のひ

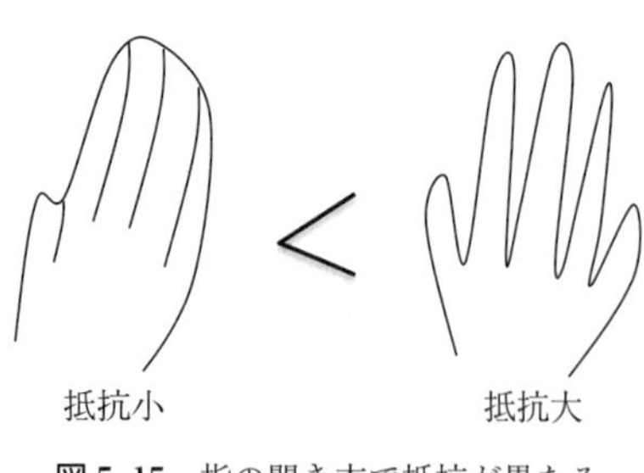

図5.15　指の開き方で抵抗が異なる

らの面積があたかも大きくなったような効果となるからです。また，開きすぎると指が一本一本独立したものになってしまうので面積増大の効果は得られません。また，指を開くのに必要な余分な筋力も使うことになります。指の開き方をいろいろ変えて試してみてください。◇

5.4 自転車を使う

自転車の後輪に付いている**変速機**（**図5.16**）の役割について考えてみましょう。自転車に付いている歯車をスプロケットといいます。この中でもペダルに直結のものはクランクスプロケットと呼ばれ，普通のものでは38個の歯が付いています。これを1分間に何回回すかをケイデンスといいます。後輪には後輪スプロケットが何枚か付いています。この枚数によって例えば大きなものから小さなものまで6枚付いていれば6段変速と呼びます。クランクスプロケットが2枚付いているときには組合せが2×6＝12ですから，このときは12段変速といいます。クランクスプロケットと後輪スプロケットはチェーンで連結されていて，ペダルを漕（こ）いでクランクスプロケットを回すと後輪スプケットが回る仕掛けになっています。このとき両者の歯の数の比を**ギヤ比**といいます。ギヤ比はつぎのように定義されます。

（a） 外装変速機

（b） 内装変速機

図5.16 変速機（ディレイラー）

$$\text{ギヤ比(GR)} = \frac{\text{クランクスプロケット歯数}}{\text{後輪スプロケット歯数}}$$

例えば，クランクスプロケット歯数が38個で，後輪スプロケット歯数が19個であればギヤ比は38/19=2となります。つまりこのギヤ比を使うとクランクスプロケットを1回転させると後輪は2回転することになります。タイヤの直径が26インチ（=2.54×26=66 cm）であれば，このタイヤが1回転すると0.66×3.14=2.07 m進むことになります。2回転ではその倍ですから4.14 m進みます。もしギヤ比が1だとしたらどうでしょう。1回漕ぐとタイヤが1回転ですから同じ1回転でも進む距離はギヤ比2の場合の半分になってしまいます。結局，ギヤ比の高い組合せを使ったほうが速く走れるから楽だということになりますが，ペダルを漕ぐ力はギヤ比が高いほど力は大きくなってしまいます。これは**テコの原理**と同じで，後輪スプロケットの端数が少ないと直径も小さいので，テコと腕の長さが小さいと思えば同じ回転力（トルク）を与えるために大きな力が必要となります。その代わり同じ距離を進むのにたくさん漕がなくても済みます。結局，速く進むためにはギヤ比を大きくしてゆっくり漕ぎますが力は入ります。坂を登るためにはギヤ比を小さくしてたくさん漕ぐ代わりに力は小さくてもよくなりますが，何回も回転させないと進みません。

例題 5.12　**トルク変換**

漕ぐ力とトルクについて考えてみましょう。**図5.17**のように漕ぐ力をF_1，ペダルの長さ（回転半径）をr_1，クランクスプロケットの半径r_2，そこにかかるチェーン

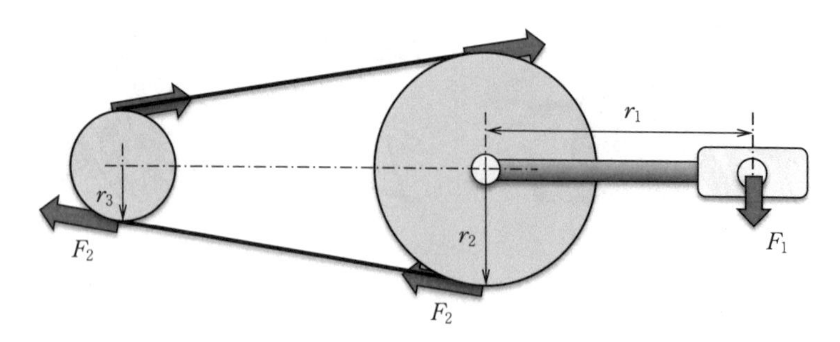

図5.17　スプロケット間をチェーンでつなぐ

の張力を F_2 とします。後輪スプロケットの半径を r_3，それにかかるチェーンの張力は同じく F_2 です。ペダルで生じるトルク T は $T=F_1\times r_1$ です。これに直結しているクランクスプロケットのトルクもこれと同じですから

$$T=F_1r_1=F_2r_2 \tag{5.30}$$

となります。したがって，チェーンに作用する引張り力 F_2 は $F_2=(r_1/r_2)F_1$ と表され，普通ペダルの長さがスプロケット半径より大きいので，半径比は $r_1/r_2>1$ ですから漕ぐ力は増幅されます。これはテコの原理と同じです。では，後輪スプロケットのトルク T_r はこの F_2 が作用するので

$$T_r=F_2r_3 \tag{5.31}$$

で表されます。ギヤ比 GR はクランクスプロケットと後輪スプロケットとの半径比と同じなので

$$GR=\frac{r_2}{r_3} \tag{5.32}$$

と表されます。したがって，ギヤ比を使って式(5.31)を書き換えると

$$T_r=F_2r_3=F_2\frac{r_2}{GR}=\frac{r}{GR} \tag{5.33}$$

となり，足で漕ぐことによって発生させるトルクはギヤ比が大きいほど，つまり後輪スプロケットの半径が小さくなるほど変換されるトルクは小さくなることがわかります。逆に，大きなトルクが必要なときはギヤ比を小さくすることで変換されるトルクを大きくすることができることがわかります。したがって，坂道を登るときは大きなトルクが必要なので，ギヤ比を落として使うことになります。◇

5.5　釣りの機械工学

釣りに使うタックル（釣り道具）は，**図5.18**に示すようなロッド（竿），リール（糸車），ライン（道糸），リーダー（ハリス），フック（釣り針），シン

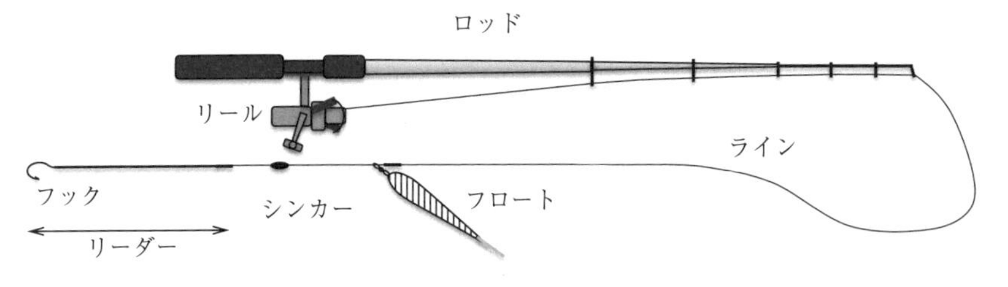

図5.18　タックルの例

カー（重り），フロート（浮き）などです。リーダーにはルアー（疑似餌）を付ける場合もあります。もちろんこれらのほかに釣りをサポートするいろいろな道具はありますが，ここではロッドとリールに着目して，ロッドの機械的特性とリールの機構について考えてみましょう。

5.5.1 ロッド

ロッドの多くは円筒をつないで長くして使います。先に行くほど細くなっていき，最後の穂先部分は中実（断面が詰まっていること）の細い丸棒です。素材は軽くて剛性の高い炭素繊維（カーボンファイバー）です。ロッドの特徴として，竿先からロッドの長さの 30 %が曲がりやすいものを先調子（ファーストアクション），竿先から 40 %が曲がりやすいものを本調子（レギュラーアクション），竿先から 50 %が曲がりやすいものを胴調子（スローアクション）といいます。それぞれ操作性，魚信を捉える感度が異なります。

人がロッドの根元部分を掴んでいることから，それを**図 5.19** に示すように

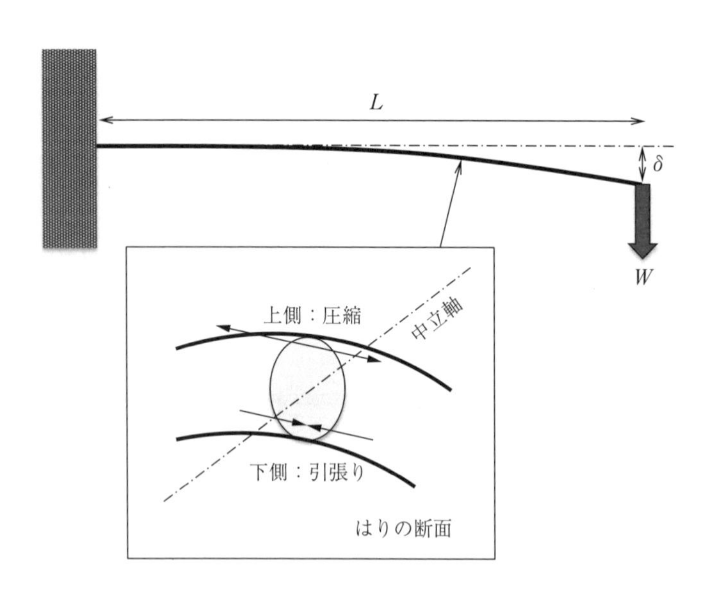

図 5.19　片持ばりのたわみ

簡単なはりのモデルとして表します。これは，材料力学における長さを L〔m〕の片持ばりの先端に集中荷重 W〔N〕が作用しているものです。そのときの先端のたわみ量を δ〔m〕で表します。これらの間にはつぎの関係があります。

$$\delta=\frac{WL^3}{3EI} \tag{5.34}$$

ここに，E はヤング率〔$N/m^2=Pa$〕，I は断面二次モーメント〔m^4〕です。**ヤング率**は**縦弾性係数**とも呼ばれ，荷重をかけて引張った場合，もとの長さ L に対してどのくらい伸びたか ΔL を割合で表した歪み $\varepsilon=\Delta L/L$（無次元）と，かけた荷重を断面積で割った垂直応力 σ〔N/m^2〕との比で表されます。したがって

$$E=\frac{\delta}{\varepsilon} \tag{5.35}$$

と表されます。また，**断面二次モーメント**は回転のしにくさを表すものです。はりが図5.19のようにたわむと断面内で中央線から上側では引張り，下側では圧縮を受けます。このため，断面は中立軸に対して回転するようなモーメントを受けます。断面の形状によって回転しにくいものと回転しやすいものがあります。では，棒の曲げにくさはどうのように考えればよいかというと，4章の式(5.10)で断面二次モーメントを使って表される**断面係数**を使います。断面係数の値が大きいと曲げにくくなります。丸棒と円筒で材料部分の断面積が同じであれば，中実の丸棒のほうが円筒より曲げにくくなります。つまり，円筒のほうが中実の丸棒より曲げやすいので，ロッドではこれを使って曲がりやすさを調整しています。

例題5.13　釣った魚で竿がたわむ

魚で竿先が曲がっている様子を，機械工学では片持ばりの先端に集中荷重がかかって竿がたわんでいるといいます（**図5.20**）。このロッドは炭素繊維でできているものとすると，ヤング率は $E=140$ GPa です。断面二次モーメントは竿の断面は円環なので内径 d_1〔m〕，外径 d_2〔m〕とすると

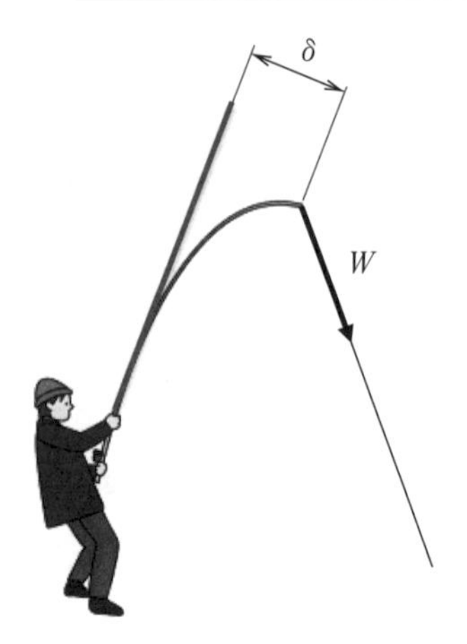

図 5.20　釣れた魚の重さで竿がたわむ

$$I=\frac{1}{64}\pi\left(d_2^4-d_1^4\right)$$

と表されます。竿は手元から竿先に向けて直径が小さくなっていきますが，簡単のために平均で $d_1=0.006\,\mathrm{m}$，$d_2=0.008\,\mathrm{m}$ とします。$L=1.5\,\mathrm{m}$ として，たわみが 30 cm となったときに，釣れている魚の重さを見積ってみましょう。

断面二次モーメントは与えられた直径より

$$I=1.37\times10^{-10}\,\mathrm{m}^4$$

です。したがって，式 (5.34) に上記の諸量を代入すると

$$W=\frac{3EI\delta}{L^3}=\frac{3\times140\times10^9\times1.37\times10^{-10}\times0.3}{1.5^3}=5.1\,\mathrm{N}$$

となります。したがって，522 g の魚が釣れたことがわかります。　◇

5.5.2 リ ー ル

リールにはライン（道糸）を巻き付けてあり，**図 5.21** に示すようにフックとかルアーが付いた仕掛けを遠くに飛ばすときにはラインがするするとリールから出ていく機能と，魚が釣れたときにはラインを巻き上げる機能をもったものです。この違いを一つのリールでこなすように作られています。

リールの種類としては，いろいろな場面の釣りに使えるスピニングリール，ルアーフィッシングに使われるベイトリール，海釣りの電動両軸リール，フライフィッシングに使うフライリール，などがあります。リールの各部分の名前を**図 5.22** に示します。これらの名称を以下の説明で使います。

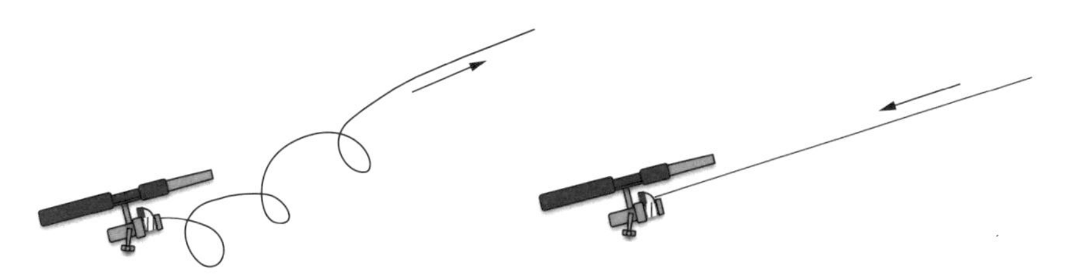

（a） ラインを飛ばすとき　　（b） ラインを巻き上げるとき

図 5.21 リールの役目

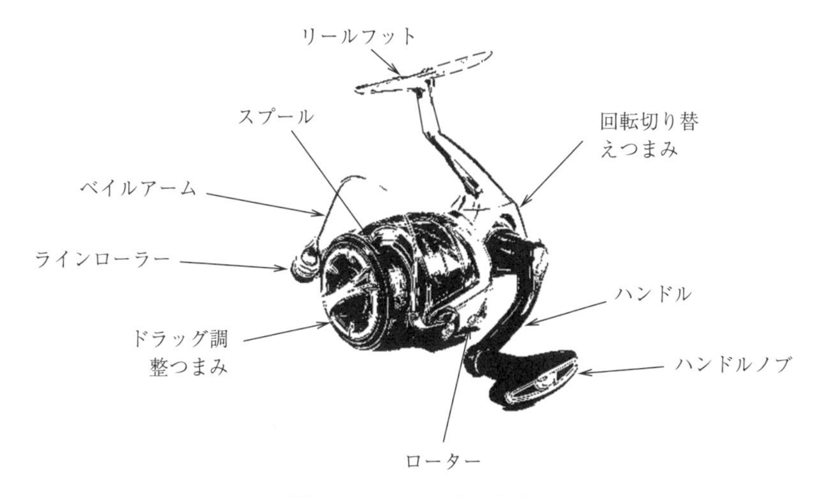

図 5.22 リール各部の名称

リールフットでリールをロッドのグリップ部分に取り付けます。スプールにはラインが巻かれています。ベイルアームをおこしてからラインを伸ばしロッドのラインガイドの輪の中を通して竿先から出し，その先端に仕掛けを取り付けます。ベイルアームを戻してからハンドルを回し，竿先から垂れた仕掛けまでの長さが 20 cm 程度になるようにラインを巻き取ります。この後グリップを握った手の人差し指をラインにかけ，ベイルアームを起こします。この状態でロッドを後ろに構え，振り下ろし，ちょうど頭の上あたりでかけた人差し指を外します。仕掛けがこの瞬間から放物線を描いて飛んでいきます。このときロッドの先端はラインが伸びていく方向に構えておくとラインとロッドのラインガイドとの摩擦を少なくすることができ，遠くへ飛ばすことができます。仕掛け着水した後，ベイルを戻すと，それ以上ラインは出ていかなくなります。この後ラインのたるみを取るようにリールのハンドルを回します。ハンドルを回すとベイルに接続されているローターが回転し，ラインをスプールに巻き取っていきます。このとき，スプールはローターの回転と同期して前後に揺動します。これによってラインはスプールに均等に巻き取られていきます。魚が掛かったときに衝撃でラインが切れないように，ドラッグという機能が付いています。これはスプールと回転機構との間の抵抗を生むもので，ドラッグを強く締めすぎるとスプールと回転機構との間に滑りがなく，ラインにかかる衝撃が大きくなり切れる場合があります。ドラッグがゆるいと魚にラインを引き出されてしまい，ハンドルを回してもラインを巻き取れません。魚の引きに合わせて適切なドラッグとなるようあらかじめ調整しておきます。

以上，リールの動作を説明しましたが，それらの動きを実現する機構を見てみましょう。

図 5.23 に内部の基本構造の略図とそれらの動きを示します。ハンドルを回転させるとそれに付いた歯車と噛み合った「はすば歯車」が直接ローターを回転させます。はすば歯車と噛み合った別のはすば歯車はウォームシャフトを回転させます。ウォームシャフトには溝が切ってあり，その溝にはまった突起が

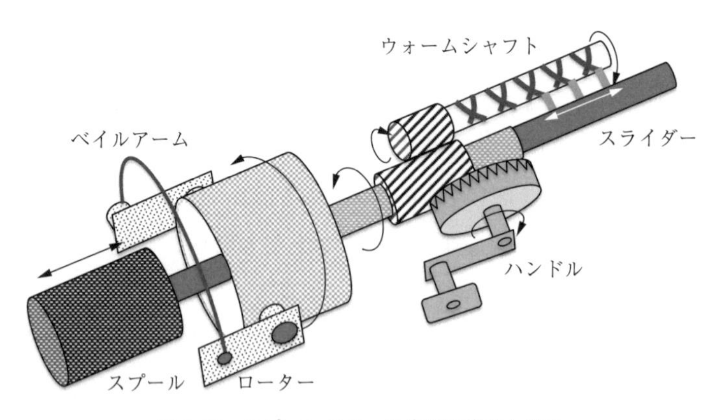

図 5.23　スピニングリール内部の構造と動き

スプールの付いたスラーダーシャフトを往復運動させます。このため，ローターの回転と同期してスプールは往復運動します。

これらのほかに一定方向の回転だけをさせるラチェットとそれを解除する機構，スプールとスラーダーシャフトとの締め付け具合を調整するドラッグ機構が付いています。

ちなみに，はすば歯車は，**図5.24**に示すように，らせん状に歯が付いている歯車です。歯が軸に平行に付いている平歯車と比較して，歯のかみ合いがなめらかで，音が静かなことが特徴です。

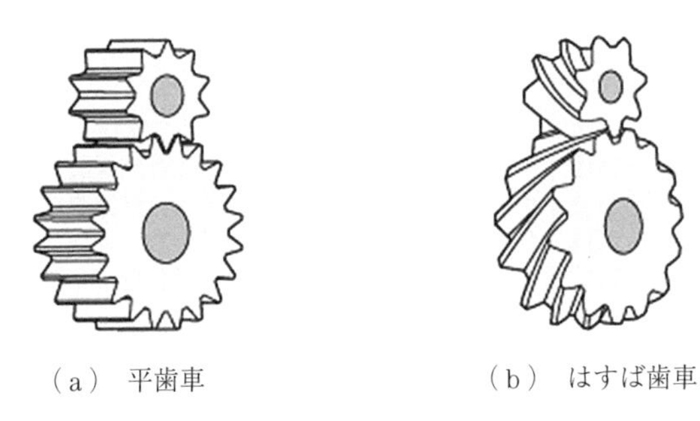

（a） 平歯車　　（b） はすば歯車

図5.24 平歯車とはすば歯車

例題5.14 スプールに巻き付けるラインの長さ

直径 $d=3$ cm のスプールに長さ 100 m のラインを巻き付けるとすると，何巻きできるか考えてみましょう。巻き付けていくとラインが重なるので巻き付ける直径は1回転ごと太くなっていきますが，簡単のためにそれは無視しましょう。

円筒の周囲の長さは πd ですから，巻き付ける回数を n とするとラインの長さは1回転で $n\pi d$ となります。したがって，100 m では

$$n=\frac{100}{\pi d}\fallingdotseq 1\,061$$

となります。スピニングリールのギヤ比は平均で5ですから，1回ハンドルを回すとローターが5回回転することになります。したがって，1 061巻するにはハンドルを 1 061/5≒212 回回すことになります。 ◇

索　　　　　引

―― 著 者 略 歴 ――

1977 年　北海道大学工学部機械工学科卒業
1982 年　北海道大学大学院工学研究科博士後期課程修了（機械工学第二専攻）
　　　　　工学博士
1982 年　名古屋工業大学助手
1985 年　北海道大学講師
1987 年　北海道大学助教授
1990 年　メルボルン大学および南カリフォルニア大学研究員
2002 年　東洋大学教授
　　　　　現在に至る

生活の中にみる機械工学
Mechanical Engineering Related to Our Daily Lives

2018 年 10 月 22 日　初版第 1 刷発行　★

検印省略

著　者　望月（もちづき）　修（おさむ）
発 行 者　株式会社　コ ロ ナ 社
　　　　　代 表 者　牛 来 真 也
印 刷 所　萩 原 印 刷 株 式 会 社
製 本 所　有限会社　愛千製本所

112-0011　東京都文京区千石 4-46-10
発 行 所　株式会社　**コ　ロ　ナ　社**
CORONA PUBLISHING CO., LTD.
Tokyo Japan
振替 00140-8-14844・電話(03)3941-3131(代)
ホームページ　http://www.coronasha.co.jp

ISBN 978-4-339-04657-1　C3053　Printed in Japan　（中原）